Faserforschung und Textiltechnik

Akademie-Verlag
Berlin

Faserforsch. u. Textiltechnik / Z. Polymerforsch.
25. Jahrg. · Heft 11 · Seiten 469—520 · Berlin, im November 1974
FSTXA7 25 (11) 469—520 (1974)
Preis: 15,— M · Sondерpreis DDR: 9,— M

Faserforschung und Textiltechnik

Zeitschrift für Polymerforschung

Begründet von Erich Correns und Walter Frenzel

Herausgegeben von

Wolfgang Bobeth – Hermann Klare – Burkart Philipp
Christian Ruscher

unter Mitwirkung von

E. Correns (Berlin) – H. Böhringer (Rudolstadt)

R. Barthel (Dresden) – V. Gröbe (Teltow) – A. Heger (Dresden) – G. Reinisch (Teltow) – G. Wiedemann (Dresden) – F. Winkler (Teltow) – H. Zimmermann (Teltow)

K.-H. Banke (Karl-Marx-Stadt) – H. Behrens (Merseburg) – W. Berger (Dresden) – H. Frommelt (Berlin) – H.-H. Hörhold (Jena) – K. Pestel (Karl-Marx-Stadt) – W. Sattler (Rudolstadt) – J. Ulbricht (Merseburg)

Schriftleiter: J. Brämer und I. Ruscher

Band 25 • November 1974 • Heft 11

Die Zeitschrift „Faserforschung und Textiltechnik/Z. f. Polymerforschung" erscheint monatlich in Heften zu 48 Textseiten im Format A 4. Der Preis für das Einzelheft beträgt M 15,– (Sonderpreis für DDR M 9,–), für den Vierteljahrbezug M 45,– (Sonderpreis für DDR M 27,–), zuzügl. Bestellgeld. Die Berechnung erfolgt zu Beginn eines Vierteljahrs für 3 Hefte. Falls keine Bezugsmöglichkeit durch eine Buchhandlung vorhanden ist, wenden Sie sich bitte in der Deutschen Demokratischen Republik an ein Postamt oder den Verlag, in den sozialistischen Ländern an den jeweiligen Postzeitungsvertrieb, in der Bundesrepublik Deutschland an die Auslieferungsstelle Kunst und Wissen, Erich Bieber, 7 Stuttgart 1, Wilhelmstraße 4–6, in allen übrigen Ländern an den internationalen Buch- und Zeitschriftenhandel oder den Buchexport, Volkseigener Außenhandelsbetrieb der Deutschen Demokratischen Republik, DDR-701 Leipzig, Postschließfach 276, oder den Akademie-Verlag, DDR-108 Berlin, Leipziger Str. 3–4 (Fernruf: 220441; Telex-Nr. 0112020; Postscheckkonto 35021). Bestellnummer dieses Heftes: 1014/25/11. Alleinige Anzeigenannahme DEWAG-WERBUNG, DDR-1054 Berlin, Wilhelm-Pieck-Str. 49, und alle DEWAG-Betriebe in den Bezirksstädten der DDR.

Herausgeber und verantwortlich für den Inhalt: Prof. Dr.-Ing. habil. Wolfgang Bobeth, Institut für Technologie der Fasern der Akademie der Wissenschaften der DDR, 801 Dresden, Hohe Str. 6, Fernruf: 4 65 80, Prof. Dr. Hermann Klare, Prof. Dr. habil. Burkart Philipp und Prof. Dr. habil. Christian Ruscher, Institut für Polymerenchemie der Akademie der Wissenschaften der DDR, 153 Teltow-Seehof, Fernruf: Teltow 4831. Schriftleiter: Joachim Brämer und Dipl.-Chem. Ingeborg Ruscher, 153 Teltow-Seehof, Kantstr. 55. Verlag: Akademie-Verlag, DDR-108 Berlin, Leipziger Str. 3–4. Satz und Druck: VEB Druckhaus „Maxim Gorki", 74 Altenburg. – Veröffentlicht unter der Lizenznummer 1280 des Presseamtes beim Vorsitzenden des Ministerrates der Deutschen Demokratischen Republik. – Printed in the German Democratic Republic.

DK 661.728.3:661.728.8:547'314:543.241

Dautzenberg, Horst, und *Philipp, Burkart*

Zur Analytik ionischer Gruppen in Cellulose und Cellulosederivaten

Teil I: Methodische und systematische Arbeiten zur Carboxylgruppenbestimmung

Faserforsch. u. Textiltechnik/Z. Polymerforsch. **25** (1974) 11, S. 469—475. 2 Abb., 9 Tab., 16 Lit.

Mit dem Ziel, Carboxylgruppen in Cellulosepulvern vor und nach einer chemischen Modifizierung zuverlässig zu bestimmen, wurde auf Basis einer alkalimetrischen Titration der H-Form des Präparats nach vorgelagertem Ionenaustausch mit Ba^{++} eine universell anwendbare Methode entwickelt und mit verschiedenen aus der Literatur entnommenen und zum Teil abgewandelten Verfahren verglichen. Durch Gegenüberstellung der im heterogenen System mit $BaCl_2$-Zusatz erhaltenen Titrationsergebnisse mit den an homogenen, nichtwäßrigen Celluloselösungen erhaltenen Werten konnten Accessibilitätshemmungen bei der Carboxylbestimmung im heterogenen System zumindest für Cellulosepulver weitgehend ausgeschlossen werden. Auf Basis eigener Experimentalergebnisse wurden gleichzeitig einige Überlegungen zur Frage des Lactongruppeneinflusses auf die Carboxylbestimmung mitgeteilt.

DK 678.746.222 – 134.532:678.019.253:541.8:66.062.411.2 – 13

Glöckner, Gottfried

Über die Quellbarkeit und Löslichkeit von Styrol/Acrylnitril-Copolymeren

Faserforsch. u. Textiltechnik/Z. Polymerforsch. **25** (1974) 11, S. 476—482. 5 Abb., 2 Tab., 24 Lit.

Durch Fällpunkttitration gewonnene Ergebnisse über die Löslichkeit von Styrol/Acrylnitril-Copolymeren werden zusammen mit Resultaten der Lösungsmitteldampfsorption diskutiert. Aus Messungen mit Methylenchlorid an Proben abgestufter Zusammensetzung wird der Überkreuz-Wechselwirkungsparameter für Styrol/Acrylnitril-Copolymere zu $\chi_{AB} = 5{,}8$ bestimmt. Mit der Löslichkeitsparametertheorie lassen sich die experimentellen Befunde plausibel interpretieren.

DK 677.494.675'126:677.494.674'524'420:677.021.128:677.051.125.264:536.241:536.42:681.32

Beyreuther, Roland

Untersuchungen zur Dynamik des Wärmeüberganges von Chemieseidenfäden an beheizten Galetten

Faserforsch. u. Textiltechnik/Z. Polymerforsch. **25** (1974) 11, S. 483—489. 13 Abb., 4 Lit.

Der Aufsatz behandelt die Aufstellung und Digitalrechner-Auswertung eines vereinfachten mathematischen Modells des Wärmeüberganges von laufenden Fäden an einer beheizten Galette mit Breithalterrolle bzw. an einem beheizten Galettenduo bei mehrfacher Umschlingung. Als variable Einflußgrößen werden die Galettentemperatur, geometrische Verhältnisse, Fadenlaufgeschwindigkeit, Fadenfeinheit, Materialart (PA, PE) und Anzahl der Umschlingungen betrachtet. Aus den Ergebnissen wird eine Möglichkeit zur Berechnung von Wärmeübergangszahlen für den Wärmeübergang Galette—Faden mit Hilfe von Fadenzugkraftmessungen abgeleitet.

DK 661.183.123:678.062:539.217.1:678.019.247:537.533.35:531.731.3

Kalló, Aranka

Morphologische Untersuchung von Ionenaustauscherharz

Faserforsch. u. Textiltechnik/Z. Polymerforsch. **25** (1974) 11, S. 490—492. 6 Abb., 1 Tab., 3 Lit.

Es wird über elektronenmikroskopische Untersuchungen zur Charakterisierung von porösen Ionenaustauscherharzen berichtet. Die mit mathematischen Auswertemethoden erhaltenen Ergebnisse stimmen mit denen der Quecksilber-Porosimetrie gut überein.

DK 677.494.675'126:678.675'126 – 492/.493:677.019.06:539.89:[541.182:53.083.722]:539.89:543.257.5

Wiesener, Ernst, und *Mertel, Horst*

Nachweis vernetzter PA-6-Teilchen aus rekombinierten freien Radikalen nach mechanischer Beanspruchung des PA 6 mit Hilfe des Granulometers TuR ZG 2

Faserforsch. u. Textiltechnik/Z. Polymerforsch. **25** (1974) 11, S. 493—498. 8 Abb., 8 Tab., 17 Lit.

Durch geeignete Modelluntersuchungen wird nachgewiesen, daß die Entstehung vernetzter Polymerteilchen in PA-6-Seiden während des gesamten Herstellungsprozesses weniger durch thermische und thermooxydative Schädigungen bzw. Verunreinigung durch Fremdstoffpartikel als vielmehr durch vielfältige mechanische Beanspruchungen verursacht wird. Für diesen Nachweis wurden PA-6-Granulat, -Bänder und -Fäden ausgewählt, die unterschiedlichen mechanischen Beanspruchungen ausgesetzt waren und deren Teilchengehalt jeweils konduktometrisch mittels des Granulometers TuR ZG 2 bestimmt wurden.

DK 678.6/.7(047.1):541.128(047.1):66.001.8:661.183.123:541.135 – 126:577.15.002.69

Dawydoff, Wladimir

Über den Einsatz von Polymeren in der Heterogen- und Homogenkatalyse. Fortschrittsbericht. Teil 2

Faserforsch. u. Textiltechnik/Z. Polymerforsch. **25** (1974) 11, S. 499—512. 311 Lit (Lit 172—Lit 483).

Im 2. Teil wird auf die katalytischen Eigenschaften von Ionenaustauscherharzen, löslichen polymeren Lewis-Säuren und anderen Polyelektrolyten eingegangen. Erörtert werden ferner „künstliche Fermente" auf der Basis von synthetischen Polymeren sowie einige ausgewählte Reaktionen an polymeren Matrizen und Ankerstoffen. Die Angaben beziehen sich ebenfalls auf die in den letzten 8 bis 12 Jahren erschienenen Veröffentlichungen.

Faserforschung und Textiltechnik 25 (1974) Heft 11
Zeitschrift für Polymerforschung

Zur Analytik ionischer Gruppen in Cellulose und Cellulosederivaten

Teil I: Methodische und systematische Arbeiten zur Carboxylgruppenbestimmung[1])

Horst Dautzenberg und Burkart Philipp

Akademie der Wissenschaften der DDR, Institut für Polymerenchemie in Teltow-Seehof

DK 661.728.3:661.728.8:547'314:543.241

Mit dem Ziel, Carboxylgruppen in Cellulosepulvern vor und nach einer chemischen Modifizierung zuverlässig zu bestimmen, wurde auf Basis einer alkalimetrischen Titration der H-Form des Präparats nach vorgelagertem Ionenaustausch mit Ba^{++} eine universell anwendbare Methode entwickelt und mit verschiedenen aus der Literatur entnommenen und zum Teil abgewandelten Verfahren verglichen. Durch Gegenüberstellung der im heterogenen System mit $BaCl_2$-Zusatz erhaltenen Titrationsergebnisse mit den an homogenen, nichtwäßrigen Celluloselösungen erhaltenen Werten konnten Accessibilitätshemmungen bei der Carboxylbestimmung im heterogenen System zumindest für Cellulosepulver weitgehend ausgeschlossen werden. Auf Basis eigener Experimentalergebnisse wurden gleichzeitig einige Überlegungen zur Frage des Lactongruppeneinflusses auf die Carboxylbestimmung mitgeteilt.

Об аналитической химии ионогенных групп в целлюлозе и ее производных. Часть I: Методические и систематические исследования по определению карбоксильных групп

С целью надежного определения карбоксильных групп в порошках целлюлозы до и после химической модификации разработан универсальный метод, основанный на алкалиметрическом титровании Н-формы образца после предварительного ионного обмена с Ba^{++}. Предложенный метод сравнивался с описанными в литературе и частично модифицированными методами. Путем сравнения результатов титрования в гетерогенной системе с добавкой $BaCl_2$ с данными, полученными для гомогенных неводных растворов целлюлозы, оказалось возможным — по меньшей мере для порошков целлюлозы — почти полностью исключить влияние различной доступности на определение карбоксильных групп в гетерогенной среде. На основе полученных данных приводятся также некоторые соображения по вопросу о влиянии лактонных групп на определение карбоксильных групп.

Analysis of Ionic Groups in Cellulose and Cellulose Derivatives. Part I. Methodical and systematic Investigations on Carboxyl Group Determination

With the aim to determine reliably the carboxyl groups in cellulose powder prior and after chemical modification an universally applicable method has been established which is based on alkaline titration of the H form of samples after ion exchange with Ba^{++}. This method is compared with partially modified methods described in the literature. By comparing the titration results obtained in a heterogeneous system under addition of $BaCl_2$ with the data obtained in homogeneous non-aqueous cellulose solutions, accessibility inhibition in carboxyl determination in the heterogeneous system proved negligible, at least in cellulose powder. Based on our experimental results the effect of lactone groups on the carboxyl determination is discussed.

1. Einführung und Aufgabenstellung

Für eine Vielzahl verschiedenartiger Cellulosepräparate mit ionischen Gruppen als Substituenten ist die Bestimmung des mittleren Substitutionsgrades (SG) nach wie vor das wichtigste Kriterium zur Produktcharakterisierung und zur Kontrolle von Herstellungsprozessen. Hierbei bedient man sich der verschiedensten physikalischen [1, 2] und chemischen Methoden (Zusammenstellung der älteren Literatur vgl. [3]), wobei letztere zumeist auf einem quantitativ ablaufenden Ionenaustauschprozeß basieren, bei dem entweder die Äquivalente des freigesetzten oder des gebundenen Ions bestimmt werden. Trotz dieses verallgemeinerungsfähigen Prinzips ist bisher keine absolut zuverlässige und universell, d. h. für beliebige ionische Gruppen in einem weiten SG-Bereich, anwendbare Analysenmethode bekannt. Schwierigkeiten bei der Vorbereitung des Präparats und/oder bei der Endbestimmung führten häufig zu widersprüchlichen Feststellungen verschiedener Autoren und grenzen die Anwendbarkeit der zahlreichen inzwischen publizierten Arbeitsvorschriften ein. Bei der Anwendung chemischer Analysenmethoden auf wasserunlösliche Produkte mit niedrigem SG wird oftmals eine unvollständige Accessibilität der ionischen Gruppen in Betracht gezogen, die entsprechende „Minusfehler" bei der Analyse zur Folge hat.

Bei diesen Diskussionen über die analytische Bestimmung ionischer Gruppen im Cellulosemolekül steht nach wie vor die Carboxylgruppe im Mittelpunkt des Interesses. Im Gegensatz zu anderen ionischen Gruppen tritt sie nicht nur als Ergebnis einer gewollten chemischen Modifizierung auf, bei der meist erst SG-Werte oberhalb 0,01 entsprechend ca. 50 mmol/kg interessieren, sondern ist in jedem nativen oder regenerierten Cellulosepräparat in geringer Menge vorhanden, wobei gerade die Bestimmung dieser geringen Mengen im Bereich zwischen 5 und 50 mmol/kg wesentliche Hinweise auf Schädigungen des Moleküls oder auf potentielle Verarbeitungsschwierigkeiten geben kann. Gleichzeitig forderten die besonderen methodischen Probleme einer Carboxylgruppenbestimmung den Cellulosechemiker immer wieder heraus, ohne daß bis heute endgültige und allgemein akzeptierte Lösungen vorgelegt werden konnten. Hingewiesen sei dabei einmal auf das Fehlen elementaranalytischer Vergleichsmethoden, wie sie z. B. bei stickstoff- oder schwefelhaltigen Derivaten als „Schiedsmethoden" dienen können, zum anderen auf mögliche Nebenreaktionen im weitesten Sinne, vor allem auf eine in Betracht zu ziehende Knüpfung und Spaltung von Lactonbindungen (vgl. [4]) sowie auf zusätzliche Sorptionserscheinungen bei der Gegenionenbindung [5].

[1]) Vorgetragen von *Horst Dautzenberg* auf der internationalen Arbeitstagung „Chemische und physikalische Methoden zur Charakterisierung von Zellstoff und von Cellulosederivaten" vom 27. bis 29. Mai 1974 in Rostock.

Dieses ebenso alte wie aktuelle Problem der Carboxylgruppenbestimmung war auch Ausgangspunkt und Schwerpunkt unserer eigenen Arbeiten zur Analytik ionischer Cellulosederivate. Unser Ziel bestand zunächst in der Entwicklung einer in einem möglichst weiten SG-Bereich auf unmodifizierte, anoxydierte und carboxymethylierte Cellulosepulver anwendbaren Methodik zur Carboxylgruppenbestimmung. Hierbei erwiesen sich die Einbeziehung methodischer Varianten und der systematische Vergleich verschiedener literaturbekannter Methoden sowie die Heranziehung auch anderer Cellulosestrukturen, wie z. B. nativer Holzzellstoffe, als notwendig. Darüber hinaus sollte die Übertragbarkeit der gewonnenen Erkenntnisse, z. B. zum Accessibilitätseinfluß, auf andere ionische Cellulosepräparate geprüft werden. Der folgende Beitrag befaßt sich mit den Ergebnissen zur Carboxylgruppenbestimmung, während die vergleichende Untersuchung anderer ionischer Derivate einer zweiten Mitteilung vorbehalten sein soll [6].

2. *Probenmaterial*

Eine Übersicht über die verwendeten Präparate vermittelt Tabelle 1.

Tabelle 1. Übersicht über die verwendeten carboxylgruppenhaltigen Präparate

Präparat	SG-Bereich mmol/kg
nichtoxydierte LODP-Cellulosepulver	1···10
nichtoxydierte Cellulosefasern (Linters, Zellstoff, Zellwolle)	10···30
oxydierte LODP-Cellulosepulver	50···500
niedrig substituierte Carboxymethylcellulose aus LODP-Cellulose-Pulver	400···1500
höher substituierte Carboxymethylcellulose	2000

3. *Ergebnisse der methodischen Arbeiten*

Tabelle 2 faßt die von uns herangezogenen Methoden zur Carboxylgruppenbestimmung zusammen, wobei alle diese Methoden auf Ionenaustauschprozessen beruhen und bei den Methoden 1 bis 3 eine direkte oder indirekte Bestimmung des gebundenen Kations erfolgt, während bei den Methoden 4 bis 6 die Äquivalente an freigesetztem Kation ermittelt werden.

Tabelle 2. Überblick über die angewandten Methoden zur Carboxylbestimmung

Nr.	Methode	Lit.-Stelle
1	Methylenblaubindung	[7, 8]
2	Uranylnitratmethode	[9]
3	Versalzung mit $Na^{\cdot}$ und Na-Bestimmung	
4	Jodid/Jodat-Methode	[10, 11]
5	Alkalimetrische Titration im heterogenen wäßrigen System	[12]
6	Alkalimetrische Titration im homogenen nichtwäßrigen System	[13]

Sofern nicht anders vermerkt, wurde bei allen Methoden von einem durch zweimaliges Behandeln mit 1 n HCl, gründliches Waschen mit Wasser und anschließenden Lösungsmittelaustausch mit Äthanol und Äther erhaltenen „entsalzten", d. h. in der H-Form vorliegenden Präparat ausgegangen. Bei wasserlöslichen Carboxymethylcellulosen mit hohem SG mußte diese Entsalzungsmethodik natürlich entsprechend modifiziert werden. Die Methoden 1 und 4 zur Bestimmung von Carboxylgruppen in Zellstoffen und die zur SG-Bestimmung in wasserlöslichen Carboxymethylcellulosen entwickelte Methode 2 wurden im wesentlichen der Literatur entnommen und zum Teil, vor allem zur Erweiterung des Anwendungsbereiches, modifiziert. Schwerpunkt der eigenen methodischen Arbeit waren die Methoden 5 und 6, wobei hinsichtlich der Titration von Carboxylgruppen in einem homogenen nichtwäßrigen System auf unsere ausführliche Darstellung in einer vorangehenden Publikation [13] verwiesen sei.

3.1. *Bemerkungen zu einigen aus der Literatur übernommenen Methoden*

Bei der *Methylenblaumethode* wird nach den in der Literatur veröffentlichten Arbeitsvorschriften die Probe durch Methylenblaukationen versalzt und die dadurch bedingte Verarmung einer gepufferten Methylenblauflotte spektralfotometrisch ermittelt [8]. Problematisch sind hier eine unerwünschte zusätzliche Methylenblausorption vor allem durch die verwendeten Glasgeräte, besonders durch die zur Abtrennung des Cellulosepräparats benutzte Fritte, sowie die einander widersprechenden Forderungen nach hoher Pufferkapazität bei möglichst niedriger Ionenstärke, um einerseits bei pH = 8 das Austauschgleichgewicht möglichst weit auf die Seite der Methylenblaubindung zu verschieben und andererseits die Konzentration des konkurrierenden Pufferkations möglichst gering zu halten. Die Ergebnisse unserer methodischen Arbeit lassen sich dahingehend zusammenfassen, daß erstens die schon früher vorgeschlagene Hydrophobierung der Glasgeräte mit einem Siliconpräparat unbedingt notwendig ist, daß zweitens das Abtrennen der Probe besser durch Zentrifugieren als durch Abfiltrieren mittels Fritte vorgenommen wird, daß drittens der Forderung nach ausreichender pH-Konstanz bei geringer Ionenstärke am besten dadurch Rechnung getragen wird, daß man nicht von der H-Form, sondern von der Na-Form der Probe ausgeht — was nach *Rehder* u. a. [3] die Methylenblaubindung nicht beeinträchtigt — und dann in völlig ungepufferter Methylenblaulösung arbeiten kann, daß viertens die Versalzung mit $Na^{\cdot}$ bei Raumtemperatur vorgenommen werden sollte, da bei hohen Versalzungstemperaturen von z. B. 60 °C bei der anschließenden Methylenblaubehandlung zum Teil ein Mehrverbrauch an Farbstoffkation beobachtet wurde, und daß schließlich fünftens die Behandlungsdauer mit der Methylenblaulösung zwischen 2 und 5 h liegen sollte, da bei längerer Einwirkungszeit der Farbflotte ein merklicher Anstieg des Methylenblauverbrauches erfolgt. Auf Basis dieser Erkenntnisse wurde eine rasch und bequem zu handhabende Arbeitsvorschrift entwickelt, die unter Anpassung der Methylenblaukonzentration an die Größenordnung des zu erwartenden Carboxylgehaltes prinzipiell in dem weiten Bereich der Carboxyl- bzw. Carboxymethylgehalte zwischen 1 und

Tabelle 3. Belegwerte zur Reproduzierbarkeit der Methylenblaumethode an einer oxydierten Celluloseprobe

	mmol COOH/kg	
Doppelbestimmung I	286	282
Doppelbestimmung II	330	340
Doppelbestimmung III	156	153

Tabelle 4. Carboxylgruppenbestimmung nach der Uranylnitratmethode (Angaben in mmol/kg*)*

Probe	Einzelwerte				
Carboxymethylcellulose A	3760	3800	4060	3840	
Carboxymethylcellulose B	3300	3460	3130		
Carboxymethylcellulose C	1580	1810	1670	1610	1770
Carboxymethylcellulose D	H-Form 510		Na-Form 560		
Oxycellulose A	H-Form 54; 49		Na-Form 344; 69		
Oxycellulose B	H-Form 154		Na-Form 210		

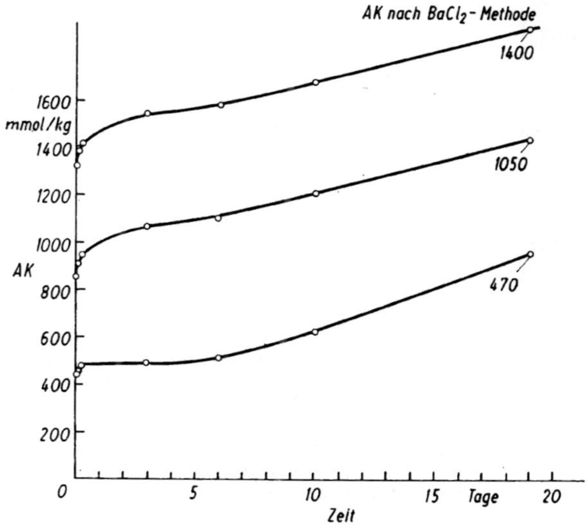

Bild 1. Ergebnisse der Jodid/Jodat-Methode bei der Bestimmung des Substitutionsgrades bzw. der Austauschkapazität (AK) von Carboxymethylcellulosen nach unterschiedlichen Zeiten

4000 mmol/kg anwendbar ist. In ihrer Zuverlässigkeit ist diese Methode allerdings der später zu behandelnden Titrationsmethode mit Bariumchlorid-Zusatz eindeutig unterlegen, da mit der Methylenblaumethode wohl bei hintereinander durchgeführten Doppelbestimmungen stets gute Übereinstimmung erzielt wurde, bei späteren Wiederholungsmessungen an der gleichen Probe jedoch manchmal größere Abweichungen gefunden wurden, wie dies Tabelle 3 für ein besonders extremes Beispiel zeigt.

Eine Erklärung für diese Abweichungen könnte möglicherweise in Assoziationsphänomenen in der Methylenblaulösung zu sehen sein [14].

Bei der zunächst zur SG-Bestimmung in höher substituierten, wasserlöslichen Carboxymethylcellulosen ausgelegten *Uranylnitratmethode* erfolgt eine Umsetzung zu dem auch bei hohem SG unlöslichen Uranylsalz der Probe, das nach Abtrennen, Auswaschen und Veraschen als U_2O_3 ausgewogen wird. Tabelle 4 vermittelt einen Eindruck von der Reproduzierbarkeit der Methode, die prinzipiell auch auf unlösliche Präparate bis herab zu Carboxylgruppengehalten von etwa 50 mmol/kg anwendbar ist, wenn die Probe in der H-Form vorliegt, während mit der Na-Form teilweise viel zu hohe und schlecht reproduzierbare Werte gefunden wurden. Auch hier bleibt die Zuverlässigkeit hinter der der später zu behandelnden Bariumchloridmethode zurück.

Zumindest im Bereich niedriger SG kann eine vollständige Versalzung der Probe mit $Na^{\cdot}$ und eine anschließende *Natriumbestimmung* die Grundlage einer Analysenmethode zur Carboxylgruppenbestimmung bilden, die an Zuverlässigkeit die Uranylsalzmethode mindestens erreicht. Genauigkeit und Reproduzierbarkeit werden nach unseren Erfahrungen überwiegend durch die gravimetrische Natriumbestimmung und nicht durch den Versalzungsschritt festgelegt, vorausgesetzt, daß das Natriumsalz der Probe in ausreichender Reinheit isoliert wurde. Hierzu bewährte sich eine Überführung der Probe zunächst in die H-Form, aus der dann durch Behandeln mit wäßriger Na_2CO_3- oder Na_2CO_3/NaCl-Lösung bzw. mit 0,1 m äthylalkoholischer NaOH und anschließendes Auswaschen mit Wasser, Äthanol und schließlich Äther die Na-Form gewonnen wurde. Durch eine zunehmende Löslichkeit des Na-Salzes ist nach hohem SG hin natürlich eine Grenze der Anwendbarkeit gegeben, die sich jedoch durch Übergang zu einem alkoholischen Medium bei der Versalzung weiter herausschieben läßt.

Einige orientierende Versuche mit der von der H-Form des Präparats ausgehenden, in ihrer Ausführungsform aus der Literatur [11] übernommenen *Jodid/Jodat-Methode*, bei der eine Ermittlung freisetzbarer H-Ionen über die Redoxreaktion

$$5\,J^- + JO_3^- + 6\,H^+ \rightarrow 3\,J_2 + 3\,H_2O$$

erfolgt, brachten insofern unbefriedigende Ergebnisse, als auch nach wochenlangem Verfolgen der Umsetzung kein Endwert erreicht wurde (Bild 1). Wie später (vgl. Abschnitt 5) noch dargelegt wird, führen wir diesen kontinuierlichen und zum Teil schlecht reproduzierbaren Anstieg der freigesetzten Jodmenge nicht auf eine allmähliche Lactongruppenspaltung, sondern vor allem auf Nebenreaktionen an der Cellulosekette zurück.

3.2. Methodische Arbeiten zur alkalimetrischen Titration der Carboxylgruppen

Naheliegend zur Bestimmung von Carboxylgruppengehalten ist selbstverständlich eine von der H-Form des Präparats ausgehende alkalimetrische Titration mit potentiometrischer Endpunktsanzeige durch eine Glaselektrode, wobei z. B. auf Veröffentlichungen von *Visapää* [12] verwiesen sei. Allerdings erweist sich eine direkte Titration von an der Cellulosekette haftenden Carboxylgruppen mit NaOH wegen der äußerst lang-

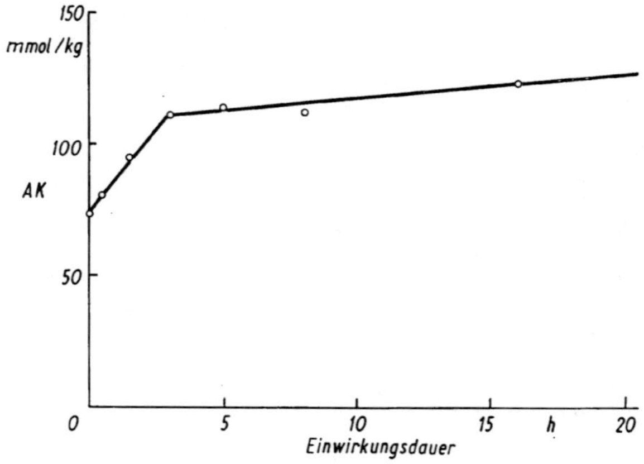

Bild 2. Bestimmung des Substitutionsgrades bzw. der Austauschkapazität (AK) einer Oxycellulose durch Rücktitration nach unterschiedlich langer Einwirkung von 10 ml 0,02 m NaOH auf 1 g Oxycellulose

samen, durch verzögerte Gleichgewichtseinstellung bedingten Potentialeinstellung als undurchführbar. Die von der Potentialeinstellung her wesentlich günstigere Variante, zunächst NaOH-Maßlösung im Überschuß zuzugeben und dann mit Säure zurückzutitrieren, scheidet zumindest für niedrigere Carboxylgruppengehalte aus; denn wir fanden stets einen mit der Einwirkungsdauer stetig steigenden Alkaliverbrauch (Bild 2), der außerdem von Konzentration und Temperatur der alkalischen Lösung abhing und von Präparat zu Präparat verschieden war.

Dieser Anstieg des NaOH-Verbrauches ließ sich zwar durch Verdünnen der NaOH-haltigen Lösung verringern, aber auch bei pH $\approx$ 11 noch nicht völlig vermeiden. Dieser zusätzliche Alkaliverbrauch ist u. E. keinesfalls allein auf eine allmähliche Spaltung von Lactongruppen, sondern vor allem auf anderweitige Umsetzungen des Alkalis mit der Cellulosekette zurückzuführen, so daß wir alle durch Rücktitration aus alkalischem Medium erhaltenen Carboxylgruppenwerte für fragwürdig ansehen möchten, vor allem bei niedrigen Carboxylgruppengehalten, wo dieser zusätzliche Alkaliverbrauch durch „Nebenreaktionen" relativ stark ins Gewicht fällt. Eine Bestätigung dieser Auffassung finden wir beim Vergleich der an der gleichen Probe nach NaOH-Behandlung durch Rücktitration und durch Na-Bestimmung im Na-Salz der Probe erhaltenen Carboxylgruppenwerte. So ergab bei einer carboxymethylierten Probe die Ermittlung des Gehalts an sauren Gruppen durch Natriumbestimmung nach Versalzung 1370 mmol/kg in guter Übereinstimmung mit einem durch Titrieren der H-Form unter $BaCl_2$-Zusatz erhaltenen Wert von 1400 mmol/kg, während nach längerer Einwirkung von 0,1 bzw. 0,02 m NaOH bei anschließender Rücktitration Carboxylgruppengehalte zwischen 1700 und 1800 mmol/kg gefunden wurden.

Der zur Umgehung der gesamten Accessibilitätsproblematik besonders günstige Weg einer direkten alkalimetrischen Titration von homogen in einem nichtwäßrigen Medium gelösten Celluloseproben ist aus methodischen, in [13] ausführlich dargelegten Gründen auf Proben mit Carboxylgruppengehalten oberhalb 50 mmol/kg beschränkt.

Zur Entwicklung einer möglichst universell, d. h. auf verschiedene Cellulosestrukturen in einem breiten SG-Bereich anwendbaren und nach Möglichkeit auf andere anionische Derivate übertragbaren Methode gingen wir von der zur Bestimmung der Austauschkapazität von Ionenaustauschern angewandten Arbeitsweise [15] aus. Hier werden üblicherweise die aus der H-Form des Präparats durch NaCl-Zugabe freigesetzten H-Ionen mit wäßriger NaOH abtitriert, wobei das Erreichen von pH = 10 als Endpunkt angenommen wird. Bei Anwendung auf carboxylgruppenhaltige Cellulosepulver lieferte diese Methode schlecht reproduzierbare und teilweise recht hohe Werte.

Unter Verwendung einiger carboxymethylierter Cellulosepulver (500 bis 1500 mmol Carboxyl/kg) und einer Oxycellulose mit etwa 50 mmol COOH/kg als Testsubstanzen wandelten wir daher diese Methodik dahingehend ab, daß erstens nicht auf einen bestimmten pH-Wert titriert wurde, sondern der bei pH = 7 bis 8 liegende Wendepunkt der Titrationskurve als Endpunkt diente, und daß zweitens anstelle von NaCl Bariumchlorid zum Freisetzen der H-Ionen in einem der Abtitration vorgelagerten Ionenaustauschgleichgewicht verwendet wurde. Infolge stärkerer Bindung der zweiwertigen $Ba^{\cdot\cdot}$-Ionen im Vergleich zu den einwertigen $Na^{\cdot}$-Ionen [16] erhielten wir hierdurch bei rascherer Potentialeinstellung steilere und zum Teil besser auswertbare Titrationskurven. Ein in seiner Größe von der jeweiligen Probe abhängiger Einfluß der Titrationsgeschwindigkeit auf das Ergebnis könnte sowohl auf Diffusionshemmungen beim Ionenaustausch als auch auf chemische Faktoren zurückzuführen sein, z. B. auf eine unterschiedlich rasche Lactongruppenspaltungsgeschwindigkeit oder auf eine unterschiedliche Spaltungsgeschwindigkeit der die Carboxylgruppen „vernetzenden" H-Brücken. Hinweise für die Bedeutung gerade des zuletzt genannten Faktors sehen wir einmal in der beschleunigten Potentialeinstellung bei Zusatz von $Ba^{\cdot\cdot}$ anstelle von $Na^{\cdot}$, zum anderen in dem im zweiten Teil dieser Arbeit [6] zu behandelnden unterschiedlichen Titrationsverhalten verschiedener anionischer Cellulosederivate. Zur Gewährleistung gut reproduzierbarer Ergebnisse ist auf jeden Fall eine sehr sorgfältige Entsalzung durchzuführen und bei der Bestimmung von Carboxylgruppen die Schrittbreite bzw. die Zulaufrate der Maßlösung in der Nähe des Äquivalenzpunktes entsprechend niedrig zu halten. Im Vergleich zum Titrationsergebnis bei entsalzten Proben im feuchten Zustand werden nach Zwischentrocknung manchmal um 5 bis 10% niedrigere Carboxylgruppengehalte gefunden, indem hier offenbar ein gewisser Accessibilitätseinfluß besteht. Eine wesentliche Steigerung der Empfindlichkeit der Methodik ließ sich erreichen, wenn der Einfluß des CO_2 aus der Luft bei der Titration ausgeschaltet und bei Carboxylgruppengehalten unterhalb 50 mmol/kg ein Titrationsblindwert berücksichtigt wurde, da sich bei niedrigen Carboxylgruppengehalten das Äquivalenzpotential merklich in Richtung eines höheren pH-Wertes verschob, bei dem das Titrationsmedium selbst einen meßbaren NaOH-Verbrauch aufweist.

Carboxylgruppengehalte bis herab zu 1 mmol/kg waren bei Berücksichtigung dieser Faktoren noch reproduzierbar zu ermitteln (Tabelle 5). Die Titration

Tabelle 5. Reproduzierbarkeit der „$BaCl_2$-Methode" bei niedrigem Carboxylgruppengehalt

Präparat	mmol COOH/kg		
LODP-Cellulose-Pulver aus AC-Linters	1,1	1,0	1,2
Linters, gebeucht und gebleicht	22,6	22,2	22,2
Fichtensulfitzellstoff	20,4	22,8	

Tabelle 6. Reproduzierbarkeit der $BaCl_2$-Methode

Bereich	rel. Standardabweichung in %
1···50 mmol/kg unmodifizierte Präparate	±5
50···500 mmol/kg oxydierte Cellulosepulver	±1
500···4000 mmol/kg Carboxymethylcelluloseproben	±1

faserförmiger Cellulosepräparate ist etwas schwieriger, aber in einem geeigneten Titrationsgefäß bei ausreichend großem Flottenverhältnis ohne weiteres möglich (Tabelle 5). Eine Begrenzung nach hohen Carboxylgruppengehalten hin besteht im Prinzip nicht, da eine Auflösung der Probe im Titrationsmedium die Bestimmung nicht stört; lediglich die Entsalzung kann dann natürlich Schwierigkeiten bereiten. Im gesamten von uns geprüften Anwendungsbereich der „Bariumchloridmethode" zwischen 1 und ca. 4000 mmol COOH/kg stellen wir bei sorgfältigem Arbeiten eine ausgezeichnete Reproduzierbarkeit ohne das Auftreten sogenannter „Ausreißer" fest (Tabelle 6).

4. *Ergebnisse eines systematischen Vergleichs verschiedener Methoden zur Carboxylgruppenbestimmung*

Ein kritischer Vergleich der mit den verschiedenen Methoden erhaltenen Ergebnisse geht zweckmäßigerweise von den einzelnen Probenkategorien aus:

Bei unmodifizierten Proben mit Carboxylgruppengehalten unterhalb 50 mmol/kg (Tabelle 7) liefert die Bariumchloridmethode in jedem Fall in sich konsistente Werte. Die durch Methylenblaubindung erhaltenen Ergebnisse stimmen damit nur in wenigen Fällen überein und liegen meist merklich höher, was auf eine zusätzliche Sorption des Methylenblaus hindeutet. Die Uranylnitratmethode ist in diesem Bereich kaum noch anwendbar.

Bei oxydierten Proben mit Carboxylgruppengehalten zwischen 50 und 500 mmol/kg wurde meist eine recht befriedigende Übereinstimmung sowohl innerhalb der im heterogenen System arbeitenden Methoden als auch mit der direkten alkalimetrischen Titration im nichtwäßrigen homogenen Medium beobachtet (Tabelle 8).

Prinzipiell könnten also für diese Probenkategorie alle hier betrachteten Bestimmungsmethoden verwendet werden. Allerdings fallen auch hier wieder die z. T. erheblichen Unterschiede zwischen einzelnen nach der Methylenblaumethode erhaltenen Wertegruppen auf.

Bei carboxymethylierten Gruppen mit Carboxylgruppengehalten zwischen 500 und 4000 mmol/kg wurde eine recht gute Übereinstimmung zwischen der Bariumchloridmethode, der Natriumbestimmung nach Versalzung und der Titration im homogenen, nichtwäßrigen Medium gefunden (Tabelle 9). Die nach der Methylenblaumethode erhaltenen Werte lagen im allgemeinen etwas höher, lassen aber eine Anwendung dieser „Relativmethode" auch bei solchen Proben möglich erscheinen. Mit Uranylnitrat wurde allgemein eine befriedigende Übereinstimmung mit der Bariumchloridmethode beobachtet.

Tabelle 7. Vergleich verschiedener Carboxylgruppenbestimmungsmethoden bei unmodifizierten Proben (Mittelwert in mmol COOH/kg)

	Methode		
	$BaCl_2$	$UO_2^{\cdot\cdot}$	Methylenblau
AC Linters, hydrolysiert	1,1	—	1,7
Linters, gebeucht und chloriert	2,9	—	8,8
Zellwolle, hydrolysiert	9,7	54	14*); 26*); 38*)

*) nach unterschiedlicher Vorbehandlung

Tabelle 8. Vergleich verschiedener Carboxylgruppenbestimmungsmethoden bei oxydierten Cellulosepulvern (Mittelwerte in mmol COOH/kg)

Probe	Methode			
	$BaCl_2$	$UO_2^{\cdot\cdot}$	Methylenblau	direkte Titration
A	51,5	52	56	55
B	49	—	90*); 61*)	—
C	87	—	86	114
D	140	—	177	—
E	218	225	—	—
F	483	454	410	490

*) nach unterschiedlicher Vorbehandlung

Tabelle 9. Vergleich verschiedener Carboxylgruppenbestimmungsmethoden bei Carboxylmethylcellulosen (Mittelwerte in mmol/kg)

Probe	Methode				
	$BaCl_2$	$UO_2^{\cdot\cdot}$	Methylenblau	$Na^{\cdot}$-Bestimmung	direkte Titration
A	294	—	—	280	—
B	468	540	684	—	590
C	481	466	1270	470	—
D	1050	1200	1570	—	1110
E	1380	—	1850	1620	—
F	1400	1710	1700	—	1560
G	1555	—	1930	1790	—
H	2880	—	—	3320	—
I	—	4840	6110	5690	—

5. *Zusammenfassende Diskussion*

Bei einer zusammenfassenden Diskussion unseres Versuchsmaterials muß zunächst darauf hingewiesen werden, daß es sicherlich im Rahmen dieser einen Arbeit nicht möglich war, alle Aspekte der sehr vielfältigen Carboxylgruppenproblematik zu berücksichtigen. Hinsichtlich der vergleichenden Bewertung einiger hier nicht einbezogener Literaturmethoden sei u. a. auf frühere Veröffentlichungen von *Rehder* verwiesen [3].

Offen bleiben sowohl Teilprobleme bei einzelnen Methoden, z. B. die Frage des Einflusses einer Assoziation in den Methylenblaulösungen auf das Analysenergebnis bei dieser Methode, wie auch die vor allem zur Analytik von Oxycellulosen wichtige Frage nach dem Einfluß von Carbonylgruppen auf das Ergebnis von Carboxylbestimmungen. Auch die heute noch aktuelle Lactonproblematik konnte bei unseren Untersuchungen nur am Rande berührt werden.

Die Auswertung unserer Experimentalergebnisse führt zu dem Schluß, daß die „Bariumchloridmethode" in der hier entwickelten Ausführungsform nicht nur in einem etwa 4 Zehnerpotenzen umfassenden SG-Bereich zuverlässig anwendbar ist, sondern die dabei erhaltenen Werte — obwohl meist etwas niedriger liegend, als die Ergebnisse der anderen Methoden — den tatsächlichen aktuellen Carboxylgruppengehalten am nächsten kommen. Diese Feststellung wird gestützt durch eine generelle Konsistenz der Werte in Relation zu den Herstellungsbedingungen der Proben und durch die gute Übereinstimmung der nach der Bariumchloridmethode, also von der H-Form ausgehend, erhaltenen mit den durch Na-Bestimmung nach vollständiger Versalzung gefundenen Werten. Wenn auch mit der hier entwickelten Variante der Anwendungsbereich der Methylenblaumethode wesentlich, bis zu löslichen Carboxymethylcellulosen hin, erweitert werden konnte und die prinzipielle Brauchbarkeit der Uranylnitratmethode auch für unlösliche Präparate niedrigen COOH-Gehaltes gezeigt wurde, so sind u. E. beide Methoden doch in ihrer Zuverlässigkeit der Bariumchloridmethode eindeutig unterlegen, erstere wegen der erwähnten, vielleicht mit von uns nicht näher untersuchten Assoziationsphänomenen zusammenhängenden Differenzen zwischen einzelnen Wertegruppen, letztere wegen einer von uns beobachteten stärkeren Streuung der Werte. Auf Grund ihrer raschen Durchführbarkeit und ihrer hohen Empfindlichkeit ist die Methylenblaumethode sicher geeignet, um mit geringem Zeitaufwand bei einer größeren Probenserie die relative Rangordnung im Carboxylgruppengehalt zu ermitteln; eine Absolutmethode stellt sie aus unserer Sicht jedoch nicht dar.

Was den Accessibilitätseinfluß auf den Ionenaustausch im heterogenen System anbelangt, so können wir für die im Mittelpunkt unserer Betrachtungen stehenden modifizierten Cellulosepulver auf Grund der auszugsweise in den Tabellen 8 und 9 wiedergegebenen und in unserer vorangehenden Mitteilung [13] ausführlich behandelten Ergebnisse zur Titration im homogenen System feststellen, daß zumindest bei dieser Probenkategorie auch im heterogenen System, z. B. mit der Bariumchloridmethode, die Carboxylgruppen weitgehend vollständig erfaßt werden und keine wesentlichen accessibilitätsbedingten Hemmungen beim Ionenaustausch auftreten, wenn auch in einzelnen Fällen die Titration im homogenen Medium in ihrem Mittelwert einen Trend zu etwas höheren Carboxylgruppengehalten aufweist. Offen bleiben muß dabei allerdings die Frage, wie weit diese vollständige Accessibilität beim Ionenaustausch auch für Proben mit anderer, nicht durch Hydrolyse geschädigter morphologischer Struktur gegeben ist; denn orientierende Messungen, z. B. an einer entschwefelten Zellwollprobe, führten im homogenen System zu erheblich höheren Titrationswerten als im heterogenen.

Zur Lactongruppenproblematik möchten wir aus unseren Ergebnissen zwei Schlußfolgerungen ableiten:

Erstens sollte der im alkalischen Medium mit der Zeit ansteigende NaOH-Verbrauch ebenso wie eine zeitlich zunehmende Jodausscheidung bei der Jodid/Jodat-Methode keinesfalls ausschließlich als allmähliche Aufspaltung von Lactongruppen interpretiert werden, da dieser zeitlich ansteigende Verbrauch u. E. auch oder in einigen Fällen sogar ausschließlich durch andere Reaktionen an der Cellulosekette zustande kommt.

Zweitens spricht unserer Auffassung nach die gute Übereinstimmung der mit der Bariumchloridmethode, also von der H-Form ausgehend, und der durch Na-Bestimmung nach Versalzen im stärker alkalischen Medium erhaltenen Werte dafür, daß zumindest bei durch Oxydation oder durch Carboxymethylierung modifizierten Cellulosepulvern entweder beim Herstellen der H-Form keine merkliche Lactonisierung erfolgt oder aber diese Lactongruppen unter den Bedingungen unserer Titration mit Bariumchloridzusatz bereits aufgespalten und als Carboxylgruppen erfaßt werden; denn anderenfalls müßte durch Na-Bestimmung nach längerer Verweilzeit im stärker alkalischen Medium ein höherer Carboxylgruppengehalt gefunden werden. Der mit der Bariumchloridmethode festgestellte Carboxylgruppengehalt dürfte somit zumindest bei dieser Probenkategorie kaum vom Gesamtgehalt an freien und lactonisierten Carboxylgruppen abweichen. Grundsätzlich erscheint uns das Auftreten von Lactongruppen in der H-Form beliebiger Proben erst dann bewiesen, wenn z. B. nach deren Aufspaltung durch Rückstandsanalyse des versalzten Präparats eine erhöhte Menge gebundener Kationen nachgewiesen wird.

6. *Anhang: Arbeitsvorschrift zur Titration von Carboxylgruppen in Cellulosepräparaten nach der „Bariumchloridmethode"*

Eine dem zu erwartenden Carboxylgruppengehalt entsprechende Einwaage des lufttrockenen Cellulosepräparats zwischen 50 mg und 2 g wird in einem zylindrischen Titrationsgefäß mit 100 ml ausgekochtem, CO_2-freiem Wasser versetzt. Im Falle von faserigen Cellulosematerialien verwendet man zweckmäßigerweise einen *Erlenmeyer*-Kolben und erhöht das Titrationsvolumen auf mindestens 200 ml. Nach Zugabe von 1 ml 10%iger $BaCl_2$-Lösung wird das Gefäß rasch mit einem Stopfen verschlossen, durch den neben einem Rohr zum Einleiten von Stickstoff die als Meßelektrode dienende Glaselektrode und eine gesättigte Kalomelelektrode als Bezugselektrode geführt sind. Durch eine weitere Öffnung im Stopfen wird aus einer Mikrokolbenbürette die Maßlösung zugegeben. Zur Anzeige kann ein beliebiges pH-Meßgerät hinreichender Empfindlichkeit benutzt werden. Als Maßlösung dient je nach dem zu erwartenden Carboxylgruppengehalt eine 0,02 oder eine 0,1m wäßrige Natronlauge. Die Titration erfolgt unter Rühren mittels Magnetrührer und gleichzeitigem Durchleiten eines mäßigen Stickstoffstroms. Bei faserigem Material ist darauf zu achten, daß die Masse gut von der Lösung durchströmt wird. Bei sehr niedrigen Carboxylgruppengehalten empfiehlt sich ein längeres Durchleiten von N_2 vor Beginn der Titration, um restliches CO_2 aus der Lösung auszutreiben; außerdem sollte der Blindwert der Titrationslösung berücksichtigt werden. In hinreichender Entfernung vom Äquivalenzpunkt kann die Maßlösung in größeren Schritten zugesetzt werden. Wegen der auf Grund des verzögerten Ionenaustausches langsamen Potentialeinstellung ist nach jeder Reagenzzugabe 1 bis 2 min zu warten. Bei Annäherung an den Äquivalenzpunkt (plötzliche starke Potentialänderung mit anschließendem langsamem Rückgang) sind die Schritte auf 0,02 bis maximal 0,05 ml zu verkleinern, wobei zur besseren Auswertung der Titration die Schrittweite bis nach Durchschreiten des Äquivalenzpunktes konstant gehalten werden sollte. Nach jeder Reagenzzugabe ist auch hier 1 bis 2 min zu warten, bei besonders zögerndem Potentialrückgang evtl. auch länger. Zur Auswertung der Titration wird der Wendepunkt der Titrationskurve herangezogen, der je nach Probenmaterial zwischen —90 und —130 mV liegt. Der Verbrauch an Maßlösung soll zwischen 0,5 und 10 ml betragen. Bezogen auf die Einwaage der auf Trockensubstanz umgerechneten Celluloseprobe, wird daraus der Carboxylgruppengehalt in mmol/kg berechnet. Die Titration dauert im Normalfall 1/2 bis 1 h.

Literatur

[1] Zusammenfassende Darstellungen zur IR-Spektroskopie der Cellulose, vgl.:
Žbankov, R. G.: Ultrarotspektren der Cellulose und ihrer Derivate (russ.). Minsk 1964.
Žbankov, R. G.: Ultrarotspektren und Struktur der Kohlenhydrate (russ.). Minsk 1972.
Dechant, J., unter Mitarbeit von *Danz, R.*, *Kimmer W.*, und *Schmolke, R.:* Ultrarotspektroskopische Untersuchungen an Polymeren. Berlin: Akademie-Verlag 1972.

[2] *Abe, F.:* J. Japan Wood Res. Soc. **15** (1969) S. 303.

[3] *Rehder, W.:* Beiträge zur Analytik von Carboxyl- und Carbonylgruppen in Cellulosepräparaten. Dissertation Universität Rostock 1965.
Philipp, B., *Rehder, W.*, und *Lang, H.:* Zur Carboxylbestimmung in Chemiezellstoffen. Papier **19** (1965) S. 1—9.

[4] *Rehder, W.*, und *Philipp, B.:* Über Laktongruppen in Cellulosepräparaten und ihre Miterfassung bei der Carboxylgruppenbestimmung. Papier **20** (1966) S. 365 bis 370; daselbst weitere Literaturangaben.

[5] *Jacopian, V.*, *Dautzenberg, H.*, und *Philipp, B.:* Kationenbindung an hydrolysierten Cellulosen. Tagungsband VII. Internat. Symp. Carbohydrate Chemistry 5. bis 9. 8. 74 Bratislava.

[6] *Dautzenberg, H.*, und *Philipp, B.:* Zur Analytik ionischer Gruppen in Cellulosederivaten. Teil II. Faserforsch. u. Textiltechnik / Z. Polymerforsch. **25** (1974) 12, S. 521 bis 524.

[7] *Husemann, E.*, und *Weber, O. H.:* Der Carboxylgehalt von Faser- und Holzcellulose. J. prakt. Chemie **159** (1942) S. 334—342.
Weber, O. H.: Carboxylbestimmung in Cellulosen nach der Reversibel-Methylenblaumethode. Papier **9** (1955) S. 16—18.

[8] *Davidson, G. F.:* The acidic properties of cotton cellulose and derived oxycelluloses. Part II: The absorption of methylene blue. J. Textile Inst. **39** (1948) S. 65—86.

[9] *Françis, C. V.:* Natrium-Carboxymethylcellulose: Bestimmung des Substitutionsgrades und der wirksamen Substanz. Anal. Chemie **25** (1953) S. 941—943.

[10] *Achwal, W. B.*, und *Shankar, G.:* Characterization of acidic groups in oxycelluloses. I. Identification of various functional groups. J. appl. Polymer Sci. **16** (1972) S. 1791—1800.

[11] *Pašteka, M.*, *Slavik, I.*, und *Karacsonyi, S.:* Hydrolysis of some oxyacid lactones in $KJ + KJO_3$ solution. Svensk Papperstidn. **76** (1973) S. 24—25.

[12] *Ant-Wuorinen, O.*, und *Visapää, A.:* Titration studies on cellulose. Part I. The State Institute for Technical Research, Finland. Series IV (Chemistry) Nr. 95, Helsinki 1968.

[13] *Dautzenberg, H.*, und *Philipp, B.:* Zur Titration der Carboxylgruppen in Cellulose und Cellulosederivaten im homogenen System. Faserforsch. u. Textiltechnik/Z. Polymerforsch. **25** (1974) im Druck.

[14] *Braswell, E. H.:* Equilibrium sedimentation studies on the aggregation of methylene blue. J. physical Chem. **76** (1972) S. 4026—4030.

[15] *Peterson, E. A.:* Cellulosic Ion Exchangers. In: Laboratory Technique in Biochemistry and Molecular Chemistry. Amsterdam/London: North Holland Comp. 1970, Bd. 2, S. 223—400.

[16] vgl. *Rinaudo, M.*, und *Milas, M.:* Determination of the thermodynamic parameters of selectivity on polyelectrolytes by potentiometry and microcalorimetry. Macromolecules, Washington **6** (1973) S. 879—881.

Eingegangen am 19. Juli 1974

Über die Quellbarkeit und Löslichkeit von Styrol/Acrylnitril-Copolymeren

Gottfried Glöckner

Technische Universität Dresden, Sektion Chemie, Forschungskollektiv Hochpolymere

DK 678.746.222—134.532:678.019.253:541.8:66.062.411.2—13

Durch Fällpunkttitration gewonnene Ergebnisse über die Löslichkeit von Styrol/Acrylnitril-Copolymeren werden zusammen mit Resultaten der Lösungsmitteldampfsorption diskutiert. Aus Messungen mit Methylenchlorid an Proben abgestufter Zusammensetzung wird der Überkreuz-Wechselwirkungsparameter für Styrol/Acrylnitril-Copolymere zu $\chi_{AB} = 5{,}8$ bestimmt. Mit der Löslichkeitsparametertheorie lassen sich die experimentellen Befunde plausibel interpretieren.

О набухаемости и растворимости сополимеров стирола с акрилонитрилом

Обсуждаются полученные методами дробного осаждения и сорбции паров растворителей данные о растворимости сополимеров стирола с акрилонитрилом. На основе измерений образцов различного состава с использованием метиленхлорида был определен параметр взаимодействия $\chi_{AB} = 5{,}8$. Экспериментальные данные можно удовлетворительно объяснить при помощи теории параметра растворимости.

Swelling and Solubility of Styrene-Acrylonitrile Copolymers

The solubility values measured by precipitation titration of styrene-acrylonitrile copolymers are compared with the data obtained by solvent vapour sorption. From measurement with samples of various composition using methylene chloride as a solvent the interaction parameter with styrene-acrylonitrile copolymers was found to be $\chi_{AB} = 5.8$. The experimental results can satisfactorily be explained by the dissolution parameter theory.

1. Theorie

Das Verhalten von Copolymeren gegenüber organischen Flüssigkeiten läßt sich nicht durch einfache Addition von Inkrementen der Komponenten beschreiben. Das ist aus manchem Beispiel bekannt. So löst z. B. Aceton weder Polyacrylnitril noch Polystyrol. Styrol/Acrylnitril-Copolymerisate sind jedoch in weiten Grenzen acetonlöslich.

Die quantitative Erfassung der Wechselwirkungen ist auf Basis der *Flory/Huggins*-Theorie möglich: Durch Abzählen wird ermittelt, wieviel Anordnungsmöglichkeiten für N_2 Makromoleküle und N_1 Lösungsmittelmoleküle in einem vorgegebenen Gitter mit einer bestimmten Koordinationszahl z bestehen. So wird die thermodynamische Wahrscheinlichkeit gewonnen, die nach der *Boltzmann*-Beziehung in die kombinatorische Entropie der Lösung umgerechnet werden kann. Subtraktion der Entropie für die reinen Komponenten ergibt die Entropieänderung beim Auflösen, die Mischungsentropie. Für athermische Systeme ist damit schon alles gesagt.

Bei realen Systemen muß noch die Mischungsenthalpie $\Delta^M H$ berücksichtigt werden, die in der Regel größer als Null ist. Dazu wird von dem Ansatz von *van Laar* ausgegangen, der die Änderung Δw der Wechselwirkungsenergien bei der Paarbildung von ungleichen Teilchen erfaßt.

$$\Delta^M H = z \cdot \Delta w \cdot N_1 \cdot \varphi_2 \cdot x_1; \tag{1}$$

z: Koordinationszahl,
N_1: Zahl der Lösungsmittelmoleküle,
x_1: Zahl der Segmente pro Lösungsmittelmolekül,
φ_2: Volumenbruch des Gelösten.

Zweckmäßig ist eine Kombination der Größen dieses Ansatzes zu einem Parameter, der meist mit dem Symbol χ belegt wird:

$$\frac{z \cdot \Delta w \cdot x_1}{k \cdot T} \equiv \chi, \tag{2}$$

Die χ-Parameter sind die „*Huggins*-Konstanten" oder „Wechselwirkungsparameter nach *Flory/Huggins*", den Autoren dieser Theorie [1]. Zusammenfassung der kombinatorischen Entropie gemäß der *Gibbs/Helmholtz*schen Gleichung mit dem Enthalpieterm ergibt bei Differentiation nach N_1 und entsprechender Umformung den Ausdruck für die Aktivität des Lösungsmittels, das im Gleichgewicht mit der polymeren Lösung steht:

$$\ln a_1 = \ln \varphi_1 + \left(1 - \frac{1}{P}\right)\varphi_2 + \chi \cdot \varphi_2^2. \tag{3}$$

Die wesentlichen Phänomene werden von der *Flory/Huggins*-Theorie richtig wiedergegeben. Einige Erscheinungen, wie z. B. das Auftreten einer unteren kritischen Lösungstemperatur in manchen Systemen oder die Konzentrationsabhängigkeit der χ-Parameter, kann sie hingegen nicht erklären. Die Weiterentwicklung der Theorie, die von *Prigogine* u. Mitarb. [2] entscheidend beeinflußt wurde, berücksichtigt die Volumeneffekte beim Mischen, die unterschiedliche thermische Ausdehnung der Komponenten und spezifische Wechselwirkungen. Mit großem Erfolg wurde dabei das Prinzip der korrespondierenden Zustände angewandt, das ursprünglich für reale Gase formuliert worden war. Seine Brauchbarkeit für flüssige niedermolekulare Mischungen war schon von *Pitzer* [3] und *Guggenheim* [4] aufgezeigt worden. Das Prinzip der übereinstimmenden Zustände besagt, daß verschiedene Substanzen einer gemeinsamen Zustandsgleichung folgen, wenn anstelle der Zustandsgrößen Druck, Temperatur, Volumen usw. reduzierte Parameter verwendet werden. Bei den realen Gasen ist die Reduktion einfach durch Bezug auf die entsprechenden Daten des kritischen Punktes möglich. Bei makromolekularen Lösungen müßten die Zustandsfunktionen für alle interessierenden Polymer/Lösungsmittel-Kombinationen in Abhängigkeit vom Polymerisationsgrad aufgenommen und die Reduktion durch Koordinatentransformation vorgenommen werden. Der damit verbundene Aufwand stand einer breiten Anwendung der *Prigogine*-Theorie entgegen. Von *Flory* u. Mitarb. [5] ist gezeigt worden, daß die reduzierten Zustandsgrößen durch thermodynamische Beziehungen mit bereits weitgehend tabellierten Werten, wie dem spezifischen Volumen, dem Koeffizienten der thermischen Ausdehnung und dem Koeffizienten des thermischen Drukkes $(\partial P/\partial T)_v \equiv \gamma$ der Mischungskomponenten verknüpft sind. So wird die „corresponding state theory" der Polymerlösungen in zunehmendem Maße Gegenstand von Arbeiten experimenteller Art oder vergleichender Natur. In einem Beitrag aus der Schule von *Patterson* [6] wird die interessante Frage untersucht, inwieweit der schon von *Scott* und *Magat* formulierte einfache Zusammenhang zwischen dem Wechselwirkungsparameter χ und den Löslichkeitsparametern δ der Komponenten

$$\chi = \frac{V_1}{RT}(\delta_1 - \delta_2)^2 + \beta \tag{4}$$

neben den Aussagen der „corresponding state theory" bestehen kann. Diese gestattet, u. a. die Abhängigkeit des Wechselwirkungsparameters von der Kettenlänge des Lösungsmittels, vom Löslichkeitsparameter des Lösungsmittels und von der Temperatur zu berechnen. Die so gewonnenen Funktionen werden von den Autoren mit den Aussagen der Gleichung (4) verglichen, die sich ergeben, wenn die Bestimmungsgrößen für die Löslichkeitsparameter (Verdampfungsenergie und Molvolumen) durch die entsprechenden reduzierten Variablen substituiert werden. Erstaunlicherweise liefert die Löslichkeitsparametertheorie im Prinzip die gleichen Abhängigkeiten wie die „corresponding state theory". Die Autoren schließen daraus, daß die Löslichkeitsparametertheorie die durch das freie Volumen hervorgerufenen Effekte implizit enthält und daß es somit gerechtfertigt ist, auch weiterhin mit Löslichkeitsparametern zu arbeiten. Diese ergeben recht brauchbare Näherungen mit denkbar geringem Aufwand.

Im Löslichkeitsparameter steht die molare Verdampfungsenergie (gegen den äußeren Druck Null). Beim Verdampfen ins Vakuum werden die Moleküle vollständig voneinander getrennt, d. h., daß im Endzustand keine zwischenmolekularen Kräfte mehr wirksam sind. ΔE_v enthält also alle intermolekularen Wechselwirkungen der Flüssigkeit, d. h. im allgemeinen Fall die Anteile der Dispersionskräfte ΔE_d, wie die Anteile der Orientierungskräfte ΔE_o, die Anteile der Induktionskräfte ΔE_i und die Anteile der Wasserstoffbrücken ΔE_h:

$$\Delta E_v = \Delta E_d + \Delta E_o + \Delta E_i + \Delta E_h, \tag{5}$$

$$\delta^2 = \delta^2_d + \delta_o^2 + \delta_i^2 + \delta_h^2. \tag{6}$$

So einfach die Zerlegung formal erfolgt, so schwierig ist die Bestimmung der einzelnen Anteile. Von *Prausnitz* u. Mitarb. wurde 1964 zunächst eine Aufteilung in die unpolare Komponente und einen alles andere umfassenden Rest erreicht, indem die Verdampfungsenergie der polaren Flüssigkeiten mit den entsprechenden Werten eines zugeordneten Homomorphs verglichen wurden, bei dem nur Dispersionskräfte zu erwarten sind [7]. Mit dem auf polare Kräfte zurückgehenden Rest hat sich *Hansen* wiederholt beschäftigt [8] und einen auf Wasserstoffbrücken zurückzuführenden Anteil δ_h^2 abgespalten. Auf der von *Hansen* geschaffenen Basis beruhen auch die anschaulichen Dreiecksdiagramme von *Teas* [9], die allerdings nur noch relative Verhältnisse wiedergeben und den Wert der Löslichkeitsparameter selbst außer Betracht lassen. Der Vorschlag von *Beerbower* u. Mitarb. [10], Projektionen des räumlichen Diagramms auf die drei Koordinatenebenen wie die Seiten eines aufgeschnittenen Quaders aneinanderzuzeichnen, ermöglicht dagegen die Berücksichtigung aller vorliegenden Informationen über die Komponenten. *Crowley* u. Mitarb. [11] haben in Arbeiten zu dieser Problematik von einer Aufspaltung des Löslichkeitsparameters abgesehen und die Einflüsse polarer Strukturelemente durch Hinzufügen des Dipolmoments und eines spektroskopisch ermittelten Parameters für Wasserstoffbrückenbindungen berücksichtigt. Es scheint, daß sich die Dinge in zunehmender Entwicklung befinden, eine völlig befriedigende Lösung aber noch nicht gefunden worden ist. Unlängst veröffentlichte *Utratzky* [12] als Beitrag zu dieser Problematik Berechnungen des polaren Anteils vom binären *Cluster*-Integral für Kombinationen von Naturkautschuk, cis-Polybutadien, Polyvinylchlorid, Polyvinylacetat bzw. Polymethylmethacrylat mit zahlreichen Lösungsmitteln, und zum IUPAC-Symposium 1973 sind von *Albert* und *Malone* [13] ähnliche theoretische Überlegungen vorgetragen worden. In der folgenden Betrachtung soll in erster Näherung auf die Zerlegung der δ-Werte verzichtet und die Löslichkeitsparametertheorie gemäß dem Ansatz von *Scott* und *Magat* verwendet werden.

Der Zusammenhang zwischen dem Wechselwirkungsparameter und der Löslichkeit ergibt sich aus dem Verlauf der Aktivität a_1 (bzw. des chemischen Potentials μ_l) mit der Volumenkonzentration φ_1. Durch zweimaliges Differenzieren nach φ_1 findet man den kritischen Wert zu

$$\chi_{\text{krit}} = \frac{(1 + \sqrt{P})^2}{2P} \approx 0,5 + \frac{1}{\sqrt{P}}. \tag{7}$$

Unbegrenzte Quellung, d. h. Auflösung des unvernetzten Polymeren im Quellungsmittel, ist möglich, wenn der Wechselwirkungsparameter des Systems kleiner als der kritische Wert ist. In erster Näherung kann $\chi = 0,5$ als obere Grenze für die Löslichkeit von Polymeren mit hohem Polymerisationsgrad angesehen werden. Wenn $\chi > 0,5$ ist, tritt nur noch Quellung auf. Je weiter der Wechselwirkungsparameter eines Polymer/Lösungsmittel-Systems über dem kritischen Wert liegt, um so niedriger ist die Lösungsmittelaufnahme im Quellungsgleichgewicht.

Wechselwirkungsparameter für die Kombination von Polystyrol bzw. Polyacrylnitril mit einigen organischen Flüssigkeiten sind in Tabelle 1 zusammengestellt.

Bis auf eine Ausnahme sind die Werte alle größer als 0,5, d. h., daß nur die Kombination Polystyrol/Methylenchlorid unbegrenzte Quellung ermöglicht. Aceton und Hexan sowie Methanol sind Nichtlöser für Polystyrol. Das stimmt ebenso mit der Erfahrung überein wie die Aussage der Tabelle, daß sich Polyacrylnitril in keiner der aufgeführten Flüssigkeiten löst. Da Styrol/Acrylnitril-Copolymere im Gegensatz zu beiden Homopolymeren durch Aceton gelöst werden, ist der Wechselwirkungsparameter eines Copolymeren offensichtlich nicht durch einfache Addition von Beiträgen der Elternpolymeren zu erhalten.

In einem binären System: Polymer (A)/Lösungsmittel (1) sind drei verschiedene Paarbildungen möglich: A—A, 1—1 und A—1. Für die Änderung Δw der Wechselwirkungsenergien beim Mischungsvorgang ergibt sich

$$\Delta w_{A-1} = w_{A-1} - 0,5 w_{A-A} - 0,5 w_{1-1}. \tag{8}$$

In Mischungen von zwei Polymerkomponenten A und B mit dem Lösungsmittel 1 und in Copolymerlösungen sind dagegen sechs Arten von Paarbildungen zu berücksichtigen: A—A, B—B, 1—1, 1—A, 1—B und A—B. Entsprechend existieren drei verschiedene Austauschvorgänge und drei verschiedene Δw-Sprünge:

$$A-A + 1-1 \rightarrow 2A-1 \qquad (\Delta w_{A-1}), \tag{9}$$

$$B-B + 1-1 \rightarrow 2B-1 \qquad (\Delta w_{B-1}), \tag{10}$$

$$A-A + B-B \rightarrow 2A-B \qquad (\Delta w_{A-B}). \tag{11}$$

Tabelle 1. Wechselwirkungsparameter (Huggins-Konstanten)

Lösungsmittel	Polystyrol	Polyacrylnitril
Methylenchlorid	0,355	1,9
Aceton	0,697 [14]	1,2
Hexan	1,45 [15]	10,2 [16]
Methanol	3,2	2,0

Diese ergeben nach *van Laar* und nach *Huggins* drei Wechselwirkungsparameter:

$$\Delta w_{A-1} \to \chi_A,$$

$$\Delta w_{B-1} \to \chi_B,$$

$$\Delta w_{A-B} \to \chi_{AB}.$$

Wie diese zu kombinieren sind, geht aus einer Rechnung hervor, die der *Flory/Huggins*-Ableitung für das Zweikomponentensystem völlig entspricht. Bei uneingeschränkter Kontaktfähigkeit der Komponenten lautet das Ergebnis [17]

$$\chi = \gamma_A \chi_A + \gamma_B \chi_B - \gamma_A \gamma_B \chi_{AB}; \qquad (12)$$

$\gamma_A = 1 - \gamma_B$: Molenbruch der Komponente A.

In Abhängigkeit von der Größe des Überkreuz-Wechselwirkungsparameters χ_{AB} kann der Wechselwirkungsparameter des Gesamtsystems für Copolymerisate mittlerer Zusammensetzungen wesentlich unter der Summe der von A und B stammenden Beiträge liegen. Angesichts der erwähnten Löslichkeit von S/AN-Copolymeren in Aceton, in dem beide Homopolymere χ-Werte größer als 0,5 aufweisen, ist für dieses System ein ziemlich hoher Wert für χ_{AB} zu erwarten.

2. *Experimentelles*

Untersuchungen zu dieser Problematik wurden durch Fällungstitrationen und Sorptionsmessungen durchgeführt. Die für die Sorptionsuntersuchungen benützte Hochvakuumapparatur nach *Prager* und die Arbeitstechnik wurden bereits beschrieben [18].

Auch die Arbeitsweise zur Ermittlung der Trübungspunkte ist schon mitgeteilt worden [19].

3. *Ergebnisse*

Die Auswertung erfolgte mit Hilfe der Gleichung (3). Diese setzt Gleichgewichtszustände voraus. Unterhalb der Einfriertemperatur befinden sich Polymersysteme nicht im thermodynamischen Gleichgewicht. Für S/AN-Copolymere liegt die Einfriertemperatur im ungequollenen Zustand etwa bei 80 °C. Mit wachsender Lösungsmittelaufnahme sinkt die Einfriertemperatur immer weiter ab. Die Voraussetzung für die Anwendung der Gleichung (3) ist dann erfüllt, wenn die Einfriertemperatur durch die Lösungsmittelaufnahme bis unter die Meßtemperatur abgesunken ist. Aus der Darstellung des Quellungsmittel-Volumenbruchs φ_{LM} über der Aktivität a_{LM} im umgebenden Dampfraum kann abgeschätzt werden, bei welchem Quellungsmittelgehalt dies der Fall ist.

Die Basisgleichung der *Flory/Huggins*-Theorie liefert für den Idealfall der athermischen Lösung bei unendlich hohem Polymerisationsgrad

$$a_{LM} = \varphi_{LM} e^{(1-\varphi_{LM})}. \qquad (3')$$

Das ist die Gleichung einer gegen die φ_{LM}-Achse konkaven Kurve. Wechselwirkungsparameter endlicher Größe ergeben einen Zusatzfaktor $e^{\varphi^2 p^8}$, der größer als 1 ist, da der Exponent positiv ist. Dieser Faktor bewirkt, daß φ_{LM} für ein derartiges reales System kleiner ist als der Wert des athermen Systems unter gleichen Bedingungen, d. h., die Kurven realer Systeme müssen im Diagramm φ_{LM} über a_{LM} unterhalb der Kurve des athermen Idealsystems verlaufen. Das ist im Gebiet der höheren Lösungsmittelgehalte tatsächlich der Fall.

Tabelle 2. Werte von φ_{LM}

Meßtemperatur °C	φ_{Lm} am Schnittpunkt der experimentellen Kurven $\varphi_{Lm} = f(a_{Lm})$ mit der Idealkurve gemäß Gleichung (3')
25	0,096
30	0,077
35	0,062

Bei Sorptionsbeginn, im Bereich sehr geringer Quellungsgrade, liegen die Kurven dagegen oberhalb der Bezugskurve. Das führt formal zu negativen χ-Werten, die in diesem Zusammenhang keine physikalische Bedeutung haben. Natürlich ist die Einfrierkonzentration nicht schon dort erreicht, wo die gemessenen Kurven die Bezugskurve nach Gleichung (3') schneiden, die formal ermittelten Wechselwirkungsparameter also von negativen Werten zu positiven überwechseln, doch ist es sicher zulässig, für die Aufeinanderfolge von Einfrierkonzentrationen unter vergleichbaren Bedingungen dieselbe Reihe anzunehmen wie für die Aufeinanderfolge der Schnittpunkte. Nach Messungen an Folien eines azeotropen S/AN-Copolymerisats (mit 37,6 mol-% AN) wurde der Zusammenhang gemäß Tabelle 2 zwischen der Meßtemperatur und dem Volumenbruch an Methylenchlorid am Schnittpunkt der Kurve ermittelt:

Das bedeutet, daß die Einfrierkonzentration bei 35 °C geringer und bei 25 °C größer ist als die Einfrierkonzentration bei 30 °C. Das stimmt völlig mit der Erfahrung überein. Von *Jenkel* und *Heusch* ist die Einfriertemperatur von Polystyrol in Abhängigkeit von der Quellung mit Methylenchlorid bestimmt worden [20]. Danach entspricht der Schritt von 25 auf 35 °C einer Abnahme des erforderlichen Lösungsmittelgehalts von $\varphi_{LM} = 0{,}132$ auf 0,101. Der gleiche φ_{LM}-Sprung von etwa drei Volumenprozent liegt zwischen den in Tabelle 2 genannten Schnittpunkten. Daraus kann u. a. gefolgert werden, daß die noch unbekannte Erniedrigung der Einfriertemperatur von azeotropen S/AN-Copolymeren durch Quellung mit Methylenchlorid zumindest in diesem Temperaturbereich ähnlich verläuft wie die analoge Senkung der Einfriertemperatur von Polystyrol. Die Proben befinden sich bei 25 °C nicht mehr im Glaszustand, wenn sie mit Methylenchloriddampf einer Aktivität $a \geqq 0{,}25$ im Gleichgewicht sind. Die im Gleichgewicht aufgenommene Menge an Lösungsmittel hängt von der Zusammensetzung der Copolymerisatproben ab [18]. Für Methylenchlorid mit einer Aktivität von $a_{LM} = 0{,}4$ im Dampfraum wurden die in Bild 1 mit vollen Punkten belegten Resultate erhalten. Diese beziehen sich auf die linke Ordinate.

Das durch Sorptionsmessungen gefundene Löslichkeitsmaximum bei etwa 40 mol-% Acrylnitril im Copolymerisat steht im Einklang mit den Ergebnissen anderer Löslichkeitsuntersuchungen. Wir hatten schon früher Fällpunkttitrationen von S/AN-Copolymerisaten verschiedener Zusammensetzung und verschiedenen rel. Molekülmassen durchgeführt [19]. Dabei war mit Methylenchlorid als Lösungsmittel und Methanol als Fällungsmittel bei Polymerkonzentrationen von durchgängig 20 mg/l am Punkt der beginnenden Trübung ein Zusammenhang zwischen dem Volumenbruch φ^*

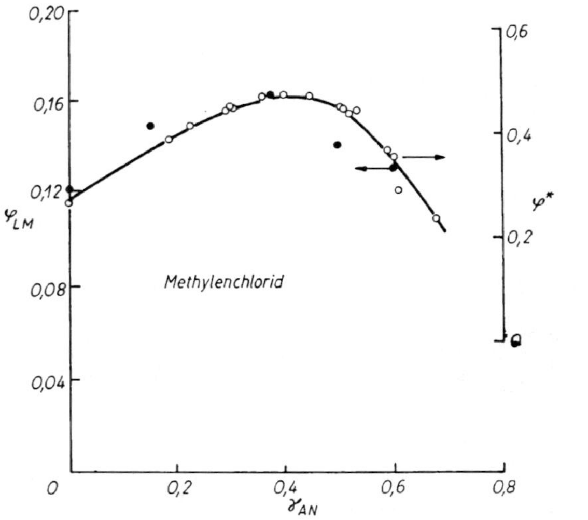

Bild 1. Wechselwirkung zwischen Methylenchlorid und S/AN-Copolymeren.

Abszisse: Molanteil γ_{AN} Acrylnitril im Copolymerisat. Ordinate links: Volumenbruch φ_{LM} des Methylenchlorids im Quellungsgleichgewicht bei 25 °C. Aktivität des Lösungsmitteldampfes $a_{LM} = 0{,}4$.

Ordinate rechts: Volumenanteil φ^* des Fällungsmittels im Trübungspunkt bei der Titration von Lösungen mit einer Polymerkonzentration von $c^* = 20$ mg/l (am Trübungspunkt) in Methylenchlorid.

Fällungsmittel: Methanol

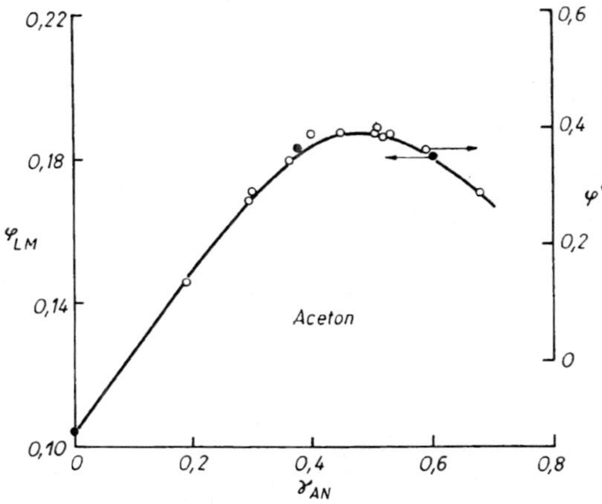

Bild 2. Wechselwirkung zwischen Aceton und S/AN-Copolymeren.

Abszisse: Molanteil γ_{AN} Acrylnitril im Copolymerisat. Ordinate links: Volumenbruch φ_{LM} des Aceton im Quellungsgleichgewicht bei 25 °C. Aktivität des Lösungsmitteldampfes $a_{LM} = 0{,}6$.

Ordinate rechts: Volumenanteil φ^* des Fällungsmittels im Trübungspunkt bei der Titration von Lösungen mit einer Polymerkonzentration von $c^* = 20$ mg/l (am Trübungspunkt) in Aceton.

Fällungsmittel: Methanol

des Fällungsmittels am Trübungseinsatzpunkt und der Copolymerzusammensetzung gefunden worden, der ebenfalls ein Maximum bei 40 mol-% Acrylnitril aufwies. Diese Ergebnisse sind im Bild 1 durch die offenen Punkte dargestellt, die sich auf die rechte Ordinate beziehen. Durch entsprechende Wahl des Maßstabs für diese φ^*-Ordinate können die Resultate beider Messungen mit einer gemeinsamen Kurve wiedergegeben werden. Analoge Untersuchungen mit Aceton sind in Bild 2 dargestellt. Wiederum sind die durch Sorptionsmessungen gewonnenen vollen Punkte der linken Skala zugeordnet, die (wie im Bild 1) den im Sorptionsgleichgewicht erreichten Volumenbruch des Penetranten anzeigt. Die Kreise entsprechen den durch Fällpunkttitrationen mit Methanol ermittelten φ^*-Werten und sind auf die rechte Skala bezogen. Wiederum ist es möglich, die beiden Messungen mit einer Kurve wiederzugeben, wenn die Ordinatenmaßstäbe entsprechend angepaßt werden. Daß dabei formal ein negativer φ^*-Wert für das Styrol-Homopolymere auftritt, spricht eher für als gegen die vorgenommene Anpassung: Polystyrol ist in Aceton unlöslich. Es würde also (formal!) tatsächlich eines „negativen" Zusatzes von Fällungsmittel bedürfen, um den betreffenden Punkt zu finden.

Mit den experimentell gefundenen Beziehungen zwischen Lösungsmittelgehalt im Quellungsgleichgewicht und Aktivität des Lösungsmittels in der Dampfphase konnten die Wechselwirkungsparameter der *Flory/Huggins*-Theorie ermittelt werden. Diese Auswertung kann entweder bei konstanter Aktivität in der Gasphase oder bei konstantem Lösungsmittelanteil in der Polymerphase durchgeführt werden. Für den angestrebten Vergleich der Wechselwirkungsparameter für Copolymerisate verschiedener Zusammensetzung erschien der zweite Weg besser geeignet, da diese Ergebnisse durch die Konzentrationsabhängigkeit der Wechselwirkungsparameter weniger beeinflußt werden.

Da die Wechselwirkungsparameter um so kleiner sind, je besser die Löslichkeit ist, führen Kurven mit einem *Maximum* der Lösungsmittelaufnahme zu einer Abhängigkeit des Wechselwirkungsparameters von der Copolymerzusammensetzung mit einem ausgeprägten *Minimum*.

Aus dem Gesamtwechselwirkungsparameter χ_{Cop} der Copolymeren haben wir die Beträge χ_A und χ_B der Komponenten und den besonders interessanten Überkreuz-Wechselwirkungsparameter χ_{AB} bestimmt. Die quantitative Auswertung wurde mit Hilfe der von *Shibuya* u. Mitarb. angegebenen Gleichung [16] vorgenommen:

$$\chi_{Cop} = \chi_A\varphi_A + \chi_B\varphi_B - \chi_{AB}\varphi_A\varphi_B + \alpha\lambda\chi_{AB}\varphi_A{}^2\varphi_B{}^2. \quad (13)$$

Diese Formel stellt eine Erweiterung der Gleichung von *Stockmayer* dar, der in seiner Arbeit [17] schon darauf hingewiesen hat, daß die Volumenanteile φ_A und φ_B anstelle der Molanteile γ_A und γ_B zu setzen sind, wenn sich die Bausteine eines Copolymeren in ihrem Grundvolumen stark unterscheiden. Darüber hinaus berücksichtigt Gleichung (13) die Verträglichkeit der Polymerkomponenten und die eventuelle Behinderung eines Teils der A—B-Kontakte durch die Verknäuelung. Wir haben gemäß Gleichung (13) $(\chi_{Cop} - \chi_B\varphi_B) : \varphi_A$ über $\alpha\lambda\varphi_A\varphi_B{}^2 - \varphi_B$ aufgetragen. λ wurde schrittweise zwischen $\lambda = 0$, dem Wert für vollständig verträgliche

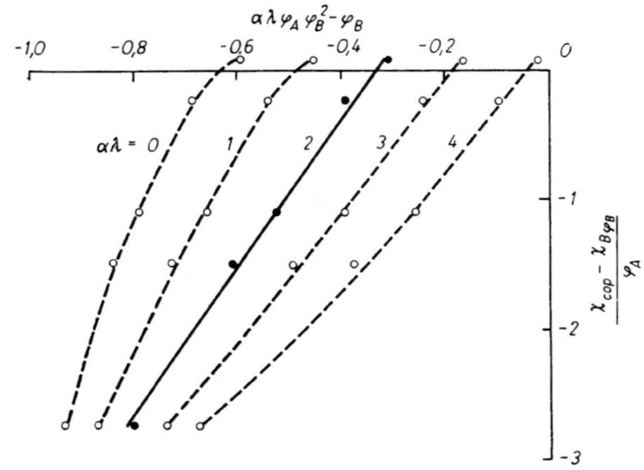

Bild 3. Auftragung von $(\chi_{Cop} - \chi_B \cdot \varphi_B)$: φ_A über $\alpha\lambda\varphi_A\varphi_B^2 - \varphi_B$ gemäß Gleichung (13) mit den experimentellen Daten der Sorption von Methylenchlorid in S/AN-Copolymeren.
$\varphi_A = 1 - \varphi_B$: Volumenanteil des Acrylnitril im Copolymeren
χ_B: Wechselwirkungsparameter Polystyrol/Methylenchlorid
χ_{Cop}: Gesamtwechselwirkungsparameter des Copolymeren.
($\alpha\lambda$ als Parameter)

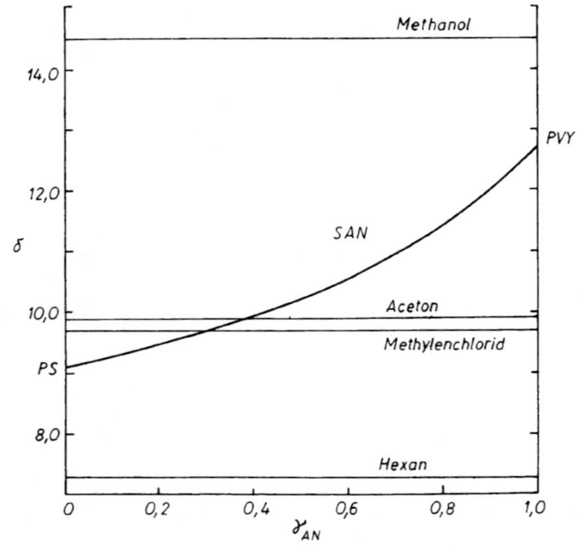

Bild 4. Löslichkeitsparameter der verwendeten Lösungs- und Fällungsmittel und von S/AN-Copolymeren als Funktion des Molanteils γ_{AN} an Acrylnitril.

Komponenten, und $\lambda = 4$, dem Wert für gänzlich unverträgliche Komponenten, variiert. Bezüglich der Größe α sind wir der Argumentation von *Shibuya* gefolgt und haben $\alpha = 1$ gesetzt. Auf diese Weise wurde das Bild 3 erhalten, aus dem hervorgeht, daß mit $\alpha \cdot \lambda = 2$ tatsächlich Linearisierung erzielt werden kann. Die Gleichung dieser Geraden ergibt mit dem direkt gemessenen Wert $\chi_{PSMCl} = \chi_B = 0{,}355$ für $\chi_A = \chi_{PVYMCl} = 1{,}9$ und für $\chi_{AB} = 5{,}8$.

Damit ist die Frage geklärt, warum Aceton als Nichtlöser für Polystyrol und Polyacrylnitril die S/AN-Copolymerisate glatt auflöst: Der Überkreuz-Wechselwirkungsparameter geht mit negativen Vorzeichen in den Wert des Gesamtparameters ein und kann diesen durchaus unter den kritischen Wert erniedrigen, wenn er selbst hinreichend groß ist. Das dürfte in diesem Fall gegeben sein.

4. Diskussion auf der Grundlage der Löslichkeitsparametertheorie

Abschließend soll versucht werden, eine noch allgemeinere Darstellung der Löslichkeitsverhältnisse zu finden, die ohne die aufwendigen Versuche mit Copolymeren verschiedener Zusammensetzung und den einzelnen, interessierenden Lösungsmitteln auskommt. Dazu bedienen wir uns der Gleichung (4).

Unter δ_1 ist der Löslichkeitsparameter des Lösungsmittels zu verstehen, unter δ_2 in diesem Fall der Löslichkeitsparameter des Copolymerisats. Dieser läßt sich als Linearkombination der Volumenanteile der Komponenten darstellen [16]:

$$\delta_2 = \delta_A\varphi_A + \delta_B\varphi_B\,. \tag{14}$$

Der Löslichkeitsparameter von Polystyrol beträgt 9,1 $cal^{0,5}cm^{-1,5}$, der von Polyacrylnitril 12,7 [22]. Zwischen diesen Grenzen liegen die Werte für S/AN-Copolymerisate (Bild 4). Unsere Untersuchungen erstrecken sich auf Produkte mit Acrylnitrilgehalten zwischen 0 und etwa 70 mol-%, entsprechend Löslichkeitsparametern zwischen 9,1 und etwa 11. Wenn wir Lösungsmittel einsetzen, deren Löslichkeitsparameter in diesem Bereich liegen, so gibt es jeweils eine ganz bestimmte Copolymerisatzusammensetzung, bei der die Differenz $(\delta_{LM} - \delta_{Cop})$ verschwindet, d. h. χ_{Cop} durchläuft in einem solchen Fall bei Variation der Polymerzusammensetzung ein Minimum. So läßt sich das Verhalten von S/AN-Polymeren gegenüber Aceton und Methylenchlorid verstehen. Werden die Copolymeren dagegen mit Medien in Wechselwirkung gebracht, deren Löslichkeitsparameter wie der von Hexan mit 7,3 [23] oder der von Methanol mit 14,5 [23] außerhalb des vom Copolymeren überstrichenen Bereiches (Bild 3) liegen, so ist kein Minimum zu erwarten. Bei Hexan als Quellmittel wird die Differenz $\delta_{LM} - \delta_{Cop}$ mit zunehmendem Acrylnitrilgehalt größer. Im gleichen Sinne wäre die Veränderung des Wechselwirkungsparameters zu erwarten, was auf Abnahme der Quellbarkeit mit zunehmendem Acrylnitrilgehalt hinausläuft. Für Methanol als Quellmittel gelangt man auf analogem Wege zur entgegengesetzten Aussage. Je größer die χ-Werte sind, um so weniger nimmt das Polymere von dem betreffenden Lösungsmittel auf. Schlagen wir also von der Differenz in den Löslichkeitsparametern die Brücke bis hin zur Lage des Quellungsgleichgewichts, so ergeben sich folgende Aussagen:

1. Aceton und Methylenchlorid sind für S/AN-Copolymere bestimmter Zusammensetzung Lösungsmittel. Für beide Medien ist bei einer bestimmten Copolymerzusammensetzung ein Maximum der Lösefähigkeit zu erwarten.
2. Da der Löslichkeitsparameter von Aceton (9,9 [23]) etwas über dem von Methylenchlorid (9,7 [23]) liegt, sollte das Maximum für Aceton bei etwas höherem Acrylnitrilgehalt im Copolymeren auftreten als für Methylenchlorid.

3. Methanol sollte eine geringere Quellfähigkeit besitzen, die mit zunehmendem Acrylnitrilgehalt monoton ansteigt.
4. Hexan sollte ebenfalls eine geringere Quellfähigkeit ausüben, die mit zunehmendem Acrylnitrilgehalt jedoch abnimmt.

Bild 5 vereint die Maximumskurven für Methylenchlorid und Aceton aus Bild 1 und 2 mit den zusätzlich aufgenommenen Kurven für die Fällungsmittel Methanol und Hexan. Die Übereinstimmung mit der Erwartung ist überraschend gut und erstreckt sich bis auf die relative Lage der Maxima für Methylenchlorid und Aceton.

Wenn in diesem Fall die Löslichkeitsparameter das Verhalten der S/AN-Copolymeren recht gut wiedergeben, so ist damit nicht ausgeschlossen, daß es auch Systeme gibt, die sich auf diese Weise nicht beschreiben lassen. Die Warnungen vor bedenkenlosem Vertrauen in die Aussage von δ-Werten [24] bestehen zweifellos zu Recht.

Abschließend soll noch etwas über die Möglichkeit der Nutzung derartiger Betrachtungen gesagt werden:

Vor einiger Zeit hatten wir über die Löslichkeitsfraktionierung von S/AN-Copolymeren gearbeitet und dabei gefunden, daß die Kombination Methylenchlorid/Hexan nach der chemischen Zusammensetzung, die Kombination Methylenchlorid/Methanol hingegen in einem bestimmten Bereich nach der rel. Molekülmasse trennt.

Diese und weitere Fraktioniersysteme hatten wir mit Hilfe von Fällpunkttitrationen gefunden, wobei nach folgender Überlegung vorgegangen worden war: Bei Titration mit Alkanen war der Volumenbruch φ^* am Punkt der beginnenden Trübung um so niedriger

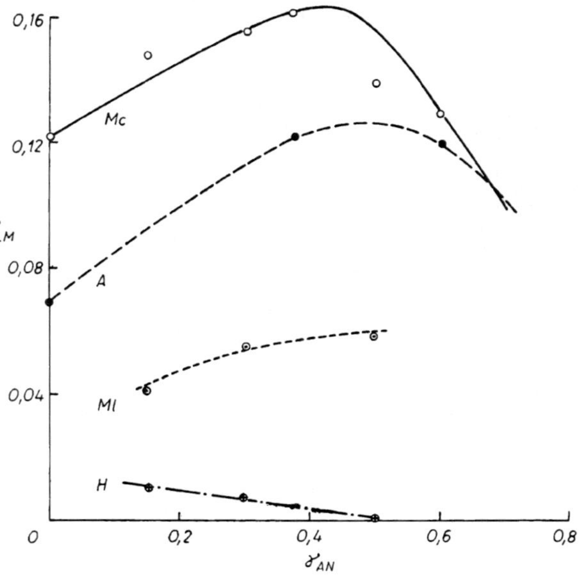

Bild 5. Quellung von S/AN-Copolymeren in Lösungsmitteldämpfen der Aktivität $a = p/p_0 = 0{,}4$. (Volumenbruch φ_{LM} des Lösungsmittels im Quellungsgleichgewicht bei 25 °C als Funktion des Molanteils γ_{AN} an Acrylnitril im Copolymerisat.)

Mc: Methylenchlorid Ml: Methanol
A: Aceton H: Hexan

gefunden worden, je mehr das Copolymere an Acrylnitril enthielt.

Diese stetig fallende Kurve ist aus der Veränderung der Löslichkeitsparameter heraus verständlich: Das Lösevermögen von Methylenchlorid reicht bis zu Copolymeren mit knapp 70% AN und einem δ_2-Wert von etwa 11. Zusatz von Hexan mit $\delta = 7.3$ zu Methylenchlorid mit $\delta = 9{,}7$ zieht den Löslichkeitsparameter des Gemisches nach unten. Die Fällung beginnt an der oberen Löslichkeitsgrenze, also bei den Copolymeren mit hohem Acrylnitrilgehalt. Da Methylenchlorid ein gutes Lösungsmittel für Styrolpolymere ($\chi_B = 0{,}355$) und Hexan ein sehr starkes Fällungsmittel für Acrylnitrilpolymere ($\chi_A = 10{,}2$) ist, Hexan aber auf Styrolpolymere wesentlich schwächer fällend wirkt ($\chi_B = 1{,}45$), erfolgt die Fällung eindeutig nach dem Acrylnitrilgehalt.

Die Titration mit Methanol ergab hingegen eine Kurve, die zwischen 35 und 45% AN ein Maximum zeigte (vgl. Bild 1). Wir haben damals vermutet, daß im Bereich dieses Maximums Trennung nach der rel. Molekülmasse möglich sei. Das hat sich voll bestätigt.

Wie schon erwähnt, zeigten die Bilder 1 und 2, daß sich die durch Fällpunkttitration mit Methanol gewonnenen Löslichkeitskurven den Resultaten der Sorptionsmessung weitgehend anpassen lassen. Sicher wird das nicht unter allen Umständen zutreffen. Dennoch steht die Frage: wieso ist in dem methanolhaltigen Gemisch der Zusammenhang zwischen Löslichkeit und Zusammensetzung der S/AN-Copolymeren praktisch genauso wie im reinen Methylenchlorid bzw. reinem Aceton?

Der Wechselwirkungsparameter von Methanol gegenüber Polystyrol beträgt $\chi_B = 3{,}2$ und ist damit von der gleichen Größenordnung wie gegenüber Polyacrylnitril ($\chi_A = 2{,}0$). Methanol wirkt also auf beide Homopolymere ziemlich gleichstark fällend, ja auf Polystyrol sogar noch etwas stärker als auf Polyacrylnitril. Die Fällung von S/AN-Copolymeren beginnt daher praktisch ohne Rücksicht auf ihren Acrylnitrilgehalt bei den am schwächsten löslichen Produkten. Das sind nach der Löslichkeitskurve die Copolymeren mit ganz wenig oder besonders viel Acrylnitril. Mit wachsendem Methanolgehalt werden anschließend die besser löslichen Copolymeren und zuletzt die Produkte mit mittleren Acrylnitrilgehalten gefällt, die das Löslichkeitsmaximum bilden. Diese Wirkung überdeckt den mit der Verschiebung des mittleren Löslichkeitsparameters im Gemisch einhergehenden Effekt vollständig. Dazu mag auch der Umstand beitragen, daß die Kurve des Copolymer-Löslichkeits-Parameters (Bild 4) gegen die Abszisse konvex ist und an der Löslichkeitsgrenze, bei ca. 70 mol-% Acrylnitril, so steil verläuft, daß die starke Fällwirkung des Methanols auf die Styroleinheiten mehr ins Gewicht fällt als die Erhöhung des mittleren Löslichkeitsparameters vom Lösungsmittelgemisch. Gleichwohl müßte durch den Methanolzusatz doch eine gewisse Löslichkeitsverbesserung an dieser Flanke eintreten. Tatsächlich ergab ein entsprechender Test mit dem radikalisch polymerisierten Laborprodukt D 37 (69,8 mol-% AN) bei Zimmertemperatur Unlöslichkeit in reinem Methylenchlorid, glatte Auflösung hingegen in Methylenchlorid mit 5 Vol.-% Methanolzusatz.

Literatur

[1] *Huggins, M. L.:* J. chem. Physics **9** (1941) S. 440; J. physic. Chem. **46** (1942) S. 151.
Flory, P. J.: Thermodynamics of high polymer solutions. J. chem. Physics **9** (1941) S. 660—661; **10** (1942) S. 51—60.

[2] *Prigogine, J., Trappeniers, N.,* und *Mathot, V.:* Statistical thermodynamics of r-mers and r-mer solutions. Dicuss. Faraday Soc. **15** (1953) S. 93—107.
Prigogine, J.: The Molecular Theory of Solutions. Amsterdam: North Holland Publ. 1957.

[3] *Pitzer, K. S.:* Corresponding states for perfect liquids. J. chem. Physics **7** (1939) S. 583—590.

[4] *Guggenheim, E. A.:* J. chem. Physics **13** (1945) S. 253.

[5] *Flory, P. J., Orwoll, R. A.,* und *Vrij, A.:* Statistical thermodynamics of chain molecule liquids. I. An equation of state for normal paraffin hydrocarbons. II. Liquid mixtures of normal paraffin hydrocarbons. J. amer. chem. Soc. **86** (1964) S. 3507—3514; S. 3515 bis 3520.

[6] *Biros, J., Zeman, L.,* und *Patterson, D.:* Prediction of the χ parameter by the solubility parameter and corresponding states theories. Macromolecules, Washington **4** (1971) S. 30—35.

[7] *Blanks, R. F.,* und *Prausnitz, J. M.:* Thermodynamics of polymer solubility in polar and nonpolar systems. IEC. Ind. engng. Chem./Fundamentals **3** (1964) S. 1 bis 8.

[8] *Hansen, C. M.:* Three dimensional solubility parameter-key to paint component affinities. I. Solvents, plasticizers, polymers and resins. II. Dyes, emulsifiers, mutual solubility and compatibility and pigments. J. Paint Technology **39** (1967) S. 104—117; S. 505—510.
Hansen, C. M., und *Skaarup, K.:* III. Indenpedent calculation of the parameter components. J. Paint Technology **39** (1967) S. 511—514.
Hansen, C. M.: The universality of the solubility parameter. JEC, Ind. engng. Chem., Product Res. Development 8 (1969) S. 2—11.

[9] *Teas, J. P.:* Graphic analysis of resin solubilities. J. Paint Technology **40** (1968) S. 19—25.

[10] *Beerbower, A.,* und *Dickey, J. R.:* Advanced methods for predicting elastomer/fluids interactions. ASLE Transactions **12** (1969) S. 1—20.

[11] *Crowley, J. D., Teague, G. S.,* und *Lowe, J. W.:* A three-dimensional approach to solubility. I. II. J. Paint Technology **38** (1966) S. 269—280, **39** (1967) S. 19—27.

[12] *Utratzky, L.:* On the solubility parameter of polar polymers. J. appl. Polymer Science **16** (1972) S. 1167 bis 1177.

[13] *Albert, R.,* und *Malone, W. M.:* Prediction of polymer solubility characteristics. Beitrag G 9. JUPAC-Symposium über Makromoleküle, Aberdeen 1973.

[14] *Boyer, R. F.,* und *Spencer, R. S:* Some thermodynamic properties of slightly cross-linked styrene-divinylbenzene gels. J. Polymer Sci. **3** (1948) S. 97—127.

[15] *Rehage, G.:* Zur Thermodynamik der Quellung. II. Quellung im Zustand des inneren Gleichgewichts. Kolloid-Z. **196** (1964) S. 97—125.

[16] *Shibuya, C., Ogino, K.,* und *Nakagawa, T.:* Chemical composition dependence of polymer-solvent interaction parameters in binary copolymer solutions. Rep. Progr. Polymer Physics, Japan **11** (1968) S. 17—20.

[17] *Stockmayer, W. H., Moore, L. D., Fixman, M.,* und *Epstein, B. N.:* Copolymers in dilute solution. I. Preliminary results for styrene-methylmethacrylate. J. Polymer Sci. **16** (1955) S. 517—530.

[18] *Glöckner, G.,* und *Lohmann, D.:* Zum Einfluß der Struktur von Copolymeren auf ihre Wechselwirkung mit Lösungsmitteln. Faserforsch. u. Textiltechnik **24** (1973) S. 365—370.

[19] *Francuskiewicz, F.,* und *Glöckner, G.:* Zur Rolle der Brechungsindizes bei der Trübungstitration von Kopolymeren. Plaste u. Kautschuk **19** (1972) S. 414 bis 416.

[20] *Jenkel, E.,* und *Heusch, G.:* Die Erniedrigung der Einfriertemperatur organischer Gläser durch Lösungsmittel. Kolloid-Z. **130** (1953) S. 89—105.

[21] *Glöckner, G., Francuskiewicz, F.,* und *Müller, K.-D.:* Untersuchungen zur Löslichkeitsfraktionierung von SAN-Kopolymeren. Plaste u. Kautschuk **18** (1971) S. 654—656.

[22] *Schultz, A. R.:* Thermodynamic aspects of polymer mixing. General electric technical information series. Nr. 67-C-072 (März 1967).

[23] *Brandrup, J.,* und *Immergut, E. H.,* (Herausgeber): Polymer Handbook. New York: Interscience Publ. 1966, S. IV-347 bis IV-352.

[24] *Fuchs, O.:* Kritische Bemerkungen zu den Löslichkeitsparametern von nieder- und hochmolekularen Verbindungen. Dt. Farben-Z. **20** (1966) S. 3—7.

Eingegangen am 13. Juni 1974

Faserforschung und Textiltechnik 25 (1974) Heft 11
Zeitschrift für Polymerforschung

Untersuchungen zur Dynamik des Wärmeüberganges von Chemieseidenfäden an beheizten Galetten[1])

Roland Beyreuther

Akademie der Wissenschaften der DDR, Institut für Technologie der Fasern in Dresden

DK 677.494.675'126:677.494.674'524'420:677.021.128:677.051.125.264:536.241:536.42:681.32

Der Aufsatz behandelt die Aufstellung und Digitalrechner-Auswertung eines vereinfachten mathematischen Modells des Wärmeüberganges von laufenden Fäden an einer beheizten Galette mit Breithalterrolle bzw. an einem beheizten Galettenduo bei mehrfacher Umschlingung. Als variable Einflußgrößen werden die Galettentemperatur, geometrische Verhältnisse, Fadenlaufgeschwindigkeit, Fadenfeinheit, Materialart (PA, PE) und Anzahl der Umschlingungen betrachtet. Aus den Ergebnissen wird eine Möglichkeit zur Berechnung von Wärmeübergangszahlen für den Wärmeübergang Galette—Faden mit Hilfe von Fadenzugkraftmessungen abgeleitet.

Исследования динамики теплопередачи в химических нитях на обогреваемых дисках

Описана разработка упрощенной математической модели теплопередачи от обогреваемого диска к движущейся нити. В качестве переменных факторов рассмотрены: температура диска, геометрические параметры, скорость и толщина нити, вид нити (полиамидная, полиэфирная) и число обхватов. На основе полученных результатов показана возможность при помощи измерения натяжения нити рассчитать коэффициенты теплопередачи от диска к нити.

Investigations on the Dynamics of the Heat Transfer to Man-made Multifilament Yarns on Heated Galets

The design and digital computer evaluation of a simple mathematical model for the heat transfer to running filaments on a heated galet with spreader or two heated galets with multiple filament winding is described. The variables considered are the galet temperature, the running speed, geometry, fineness, kind of material (PA, PE) and number of windings of the filament. From the results a calculation scheme of heat transfer coefficients of the galet—filament heat transfer by means of tension measurents with the filament is derived.

1. *Aufgabenstellung*

Mit der Entwicklung und Vervollkommnung der Recktechnologie von Fäden aus organischen Hochpolymeren zu immer höheren Reckgeschwindigkeiten einerseits und mit der technologischen und maschinentechnischen Integration von Spinn- und Reckprozeß andererseits sind technologisch orientierte Fragestellungen bezüglich der Dynamik des Wärmeüberganges von beheizten Galettensystemen auf den Faden zunehmend bedeutsam geworden. Solche Fragestellungen sind z. B.:

— Wie groß muß die Anzahl von Fadenumschlingungen bei einer bestimmten Galettenanordnung (Galettenduo oder Galette mit unbeheizter Breithalterrolle) unter bestimmten technologischen Bedingungen (Galettentemperatur, Fadenlaufgeschwindigkeit) und für bestimmte Fäden (Fadenmaterial, Fadenfeinheit) mindestens gewählt werden, damit der Faden die unter den gegebenen Bedingungen maximal mögliche Temperatur erreicht?
— Wie groß ist unter bestimmten geometrischen, technologischen und fadenspezifischen Bedingungen die erreichbare mittlere Fadentemperatur, und in welchem Verhältnis steht diese zur Galettentemperatur?
— Wie groß sind die Temperaturschwankungen um den Mittelwert der Fadentemperatur, denen der Faden bei einer Umschlingung um das Galettensystem ausgesetzt ist?

Die Beantwortung der angedeuteten Fragen ist sowohl für eine optimale Prozeßführung als auch für die Auswahl bestimmter konstruktiver Auslegungen der Galettensysteme notwendig.

Im folgenden wird anhand eines vereinfachten mathematischen Modells des Wärmeüberganges von laufenden Fäden an einer beheizten Galette mit unbeheizter Breithalterrolle bzw. an einem beheizten Galettenduo und dessen Auswertung mit einem elektronischen Digitalrechner das grundsätzliche Verhalten des Systems gezeigt. Dabei liegt den Aussagen eine große Zahl von berechneten Wärmeübergangsvorgängen (insgesamt 576) zugrunde, bei denen die Einflußgrößen Galettentemperatur, geometrische Verhältnisse, Fadenlaufgeschwindigkeit, Fadenfeinheit, Materialart (PA, PE) sowie verschiedene Kombinationen von Wärmeübergangszahlen variiert wurden.

Es sei ergänzend bemerkt, daß sich um eine möglichst exakte theoretische modellmäßige Durchdringung des Wärmeüberganges zwischen Fäden und metallischen Oberflächen und zwischen Fäden und Luft unter Berücksichtigung von Wärmeübergangs- und -ausgleichsvorgängen in einem monofilen Fadengebilde einerseits und in einem polyfilen Fadengebilde andererseits in neueren Arbeiten *Pechoč* und *Staš* [1, 2] sowie *Rottig* [3] verdient gemacht haben. Ihr Studium zeigt, daß praktikable, gut handhabbare Beziehungen in der Regel nur dann erhalten werden, wenn modellmäßig nicht mehr vertretbare Vereinfachungen angenommen werden. In den vorliegenden Untersuchungen wird eine sinnvolle Kopplung zwischen (vereinfachten) theoretischen und technologisch-experimentellen Elementen angestrebt, aus denen untereinander vergleichbare Ergebnisse und Abschätzungen von relativer Richtigkeit erhalten werden.

Bevor auf die wichtigsten Ergebnisse der Berechnungen eingegangen wird, seien die gewählte geometrische und mathematische Modellvorstellung sowie die benutzten Buchstabensymbole kurz erläutert.

2. *Modellvorstellung*

Den Berechnungen sind die im Bild 1 schematisch dargestellten Anordnungen eines beheizten Galettenduos (Anordnung I, im folgenden mit A I abgekürzt) sowie einer beheizten Galette mit unbeheizter Breithalterrolle (Anordnung II, im folgenden mit A II abgekürzt) zugrunde gelegt.

[1]) Nach einem Vortrag, gehalten auf dem II. Kongreß „Chemiefasern, ihre Eigenschaften und Anwendungen" vom 25. bis 27. 6. 1974 in Bratislava.

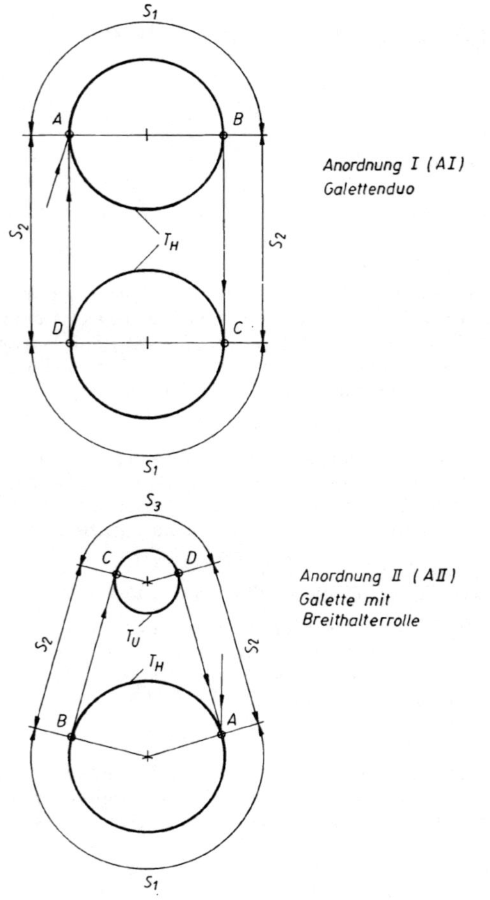

Bild 1. Schema der geometrischen Modellanordnungen

Folgende Kurzzeichen wurden gewählt:

T_o = Fadentemperatur am Einlauf in die Anordnung,
T_u = Umgebungstemperatur,
T_H = Temperatur der Heizgalettenoberfläche,
$T_1, T_2, \ldots T_n$ = Fadentemperaturen nach Durchlaufen der einzelnen Aufheiz- und Abkühlstrecken,
α_1 = Wärmeübergangszahl des Systems Metalloberfläche/Faden (für Aufheizung und Abkühlung gleich groß angenommen),
α_2 = Wärmeübergangszahl des Systems Faden/Luft,
s_1 = Kontaktstrecke des Fadens mit der beheizten Galettenoberfläche,
s_2 = Luftstrecke des Fadens,
s_3 = Kontaktstrecke des Fadens mit der Oberfläche der Breithalterrolle
D = Fadendurchmesser,
c = Wärmekapazität des Fadenmaterial,
ϱ = Dichte des Fadenmaterials,
v = Fadenlaufgeschwindigkeit,
z = Anzahl Umschlingungen des Fadens um die geometrische Anordnung (eine Umschlingung = Weg der Strecke ABCDA).

Das mathematische Modell für die Aufheizung und Abkühlung des Fadens auf dem Wege einer vollen Fadenumschlingung wird in Anlehnung an eine Arbeit von *Kaufmann* [4] aus der Lösung der allgemeinen Differentialgleichung für Wärmeaustauschvorgänge an der Oberfläche eines Körpers (ohne Berücksichtigung des Wärmetransportes im Inneren des Körpers) aufgebaut. Nach Einführung der definierten Kurzzeichen lautet das Gleichungssystem für eine volle Fadenumschlingung für ein Galettenduo (A I):

$$T_1 = T_H - (T_H - T_o) \cdot \exp\left(-\frac{4 \cdot \alpha_1 \cdot s_1}{c \cdot \varrho \cdot D \cdot v}\right), \quad (1)$$

$$T_2 = T_u + (T_1 - T_u) \cdot \exp\left(-\frac{4 \cdot \alpha_2 \cdot s_2}{c \cdot \varrho \cdot D \cdot v}\right), \quad (2)$$

$$T_3 = T_H - (T_H - T_2) \cdot \exp\left(-\frac{4 \cdot \alpha_1 \cdot s_1}{c \cdot \varrho \cdot D \cdot v}\right), \quad (3)$$

$$T_4 = T_u + (T_3 - T_u) \cdot \exp\left(-\frac{4 \cdot \alpha_2 \cdot s_2}{c \cdot \varrho \cdot D \cdot v}\right). \quad (4)$$

Das Gleichungssystem für eine volle Fadenumschlingung für eine Galette mit Breithalterrolle (A II) lautet:

$$T_1 = T_H - (T_H - T_o) \cdot \exp\left(-\frac{4 \cdot \alpha_1 \cdot s_1}{c \cdot \varrho \cdot D \cdot v}\right), \quad (5)$$

$$T_2 = T_u + (T_1 - T_u) \cdot \exp\left(-\frac{4 \cdot \alpha_2 \cdot s_2}{c \cdot \varrho \cdot D \cdot v}\right), \quad (6)$$

$$T_3 = T_u + (T_2 - T_u) \cdot \exp\left(-\frac{4 \cdot \alpha_1 \cdot s_3}{c \cdot \varrho \cdot D \cdot v}\right), \quad (7)$$

$$T_4 = T_u + (T_3 - T_u) \cdot \exp\left(-\frac{4 \cdot \alpha_2 \cdot s_2}{c \cdot \varrho \cdot D \cdot v}\right). \quad (8)$$

Der Aufheizvorgang setzt sich bei der zweiten, dritten bis n-ten Umschlingung in gleicher Weise fort, wobei in den Exponentialgleichungen lediglich die jeweils aktuellen Temperaturwerte $T_1, T_2, \ldots T_n$ in die nächstfolgende, den nächsten Aufheizungs- bzw. Abkühlungsabschnitt beschreibende Gleichung übernommen werden.

Bild 2 zeigt den prinzipiellen Verlauf des Aufheizvorganges für die beiden Anordnungen A I und A II. Zur Vereinfachung wurden die jeweiligen Endwerte der e-Funktio-

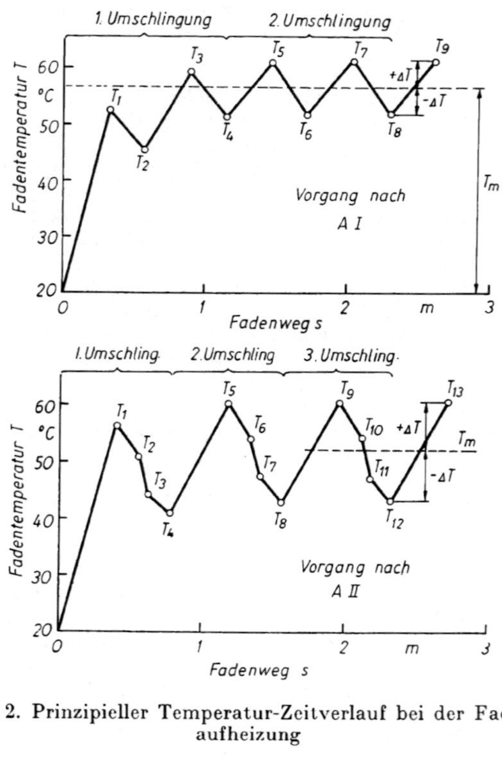

Bild 2. Prinzipieller Temperatur-Zeitverlauf bei der Fadenaufheizung

nen, die von der Fadentemperatur auf den einzelnen Teilstrecken durchlaufen werden, durch Geraden verbunden. Die bei konstanter Fadenlaufgeschwindigkeit der laufenden Zeit proportionalen Wege s entsprechen den Maßen der für die Untersuchungen benutzten geometrischen Galettenanordnungen. Da der gesamte Aufheizvorgang selbst in der hier praktizierten vereinfachten Form nur durch ein ineinandergeschachteltes System voneinander abhängiger Exponentialfunktionen nachgebildet werden kann, ist es ohne Durchführung und Auswertung umfangreicher Parameterrechnungen unmöglich, die Einflüsse der verschiedenen Systemparameter auf den Ablauf des Aufheizvorganges qualitativ und quantitativ sicher abzuschätzen. Jedes der beiden Gleichungssysteme ist deshalb zur bequemen Durchführung von Parameterrechnungen auf einem digitalen Kleinrechner programmiert und bezüglich der eingangs genannten Fragestellungen ausgewertet worden. Es zeigte sich, daß das Systemverhalten in ausreichendem Maße durch die folgenden vier Zielgrößen zu beschreiben ist:

a) *minimale Anzahl von Fadenumschlingungen z:*

Der Wert z gibt die bei der jeweiligen Parametervariante minimal notwendige Zahl von Fadenumschlingungen an, bei der der Aufheizungs- und Abkühlungsvorgang seinen stationären Zustand erreicht hat. Dieser wurde im Rechenprogramm durch ein sogenanntes Abbruchkriterium definiert, nach dem der stationäre Zustand dann erreicht ist, wenn die Differenz der Fadentemperaturen am Ende der beiden letzten berechneten Aufheizabschnitte einen beliebig vorgebbaren Schrankenwert ε erstmalig unterschreitet. Als Schrankenwert wurde $\varepsilon = 0{,}2\,°C$ gewählt.

b) *mittlere Fadentemperatur T_m*

T_m stellt den Mittelwert der Fadentemperatur dar, um den diese nach Erreichen der stationären Ausgleichswerte pendelt:

$$T_m = \frac{T_n + T_{n-1}}{2}, \tag{9}$$

wobei T_n die Fadentemperatur am Ende des letzten Aufheizungsabschnittes ist, für den erstmalig das Abbruchkriterium erreicht wurde.

c) *relative Fadentemperaturschwankung $\Delta T/T_m$*

Die relative Fadentemperaturschwankung $\Delta T/T_m$ gibt als $\pm$-Wert den prozentualen Schwankungsbereich der Fadentemperatur, bezogen auf ihren Mittelwert T_m, an:

$$\frac{\Delta_T}{T_m} \cdot 100\% = \frac{T_n - T_{n-1}}{T_n + T_{n+1}} \cdot 100\%. \tag{10}$$

d) *Aufheizungswirkungsgrad η_H*

η_H stellt das prozentuale Verhältnis des Fadentemperaturmittelwertes T_m zur Temperatur der Heizgalettenoberfläche T_H dar:

$$\eta_H = \frac{T_m}{T_H} \cdot 100\%. \tag{11}$$

η_H gibt also an, wie nahe der Fadentemperaturmittelwert an den theoretisch maximal möglichen Wert T_H (der bei einer hinreichend großen Anzahl von Fadenumschlingungen nur dann erreicht werden könnte, wenn die Abkühlungsstrecken zu Null gemacht würden) heranreicht. η_H ist damit kein Wirkungsgrad im energetischen Sinne.

3. Ergebnisse

Nachfolgend sollen die erhaltenen Rechenergebnisse für die vorstehend definierten Zielgrößen in einer kleinen Auswahl von Diagrammbeispielen für den Faserstoff PA dargestellt werden. Einleitend hierzu sei bemerkt, daß bei diesen Basisuntersuchungen zunächst für die Aufheizung mit 458 kcal · m^{-2} · h^{-1} · grd^{-1} eine konstante Wärmeübergangszahl α_1 angenommen wurde, für die Abkühlung in Luft sowohl mit konstanter (114 kcal · m^{-2} · h^{-1} · grd^{-1}) als auch geschwindigkeitsabhängiger Wärmeübergangszahl α_2 gerechnet wurde. Auf die Problematik der Bestimmung verläßlicher Wärmeübergangszahlen wird am Schluß noch einmal eingegangen.

Die mittlere Fadentemperatur T_m (Bild 3) ist unter den gegebenen Randbedingungen (α = const. bei allen Geschwindigkeiten) weitgehend geschwindigkeits- und feinheitsunabhängig. Bei Geschwindigkeiten unter 1500 m/min sinkt sie etwas ab, und zwar für feinere Fäden stärker als für gröbere. Bei der Anordnung A II (Galette mit Breithalterrolle) sind die erreichten Mittelwerte T_m kleiner als bei der Anordnung A I (Galettenduo), wie Bild 4 zeigt. Wird die Wärmeübergangszahl α_2 für die Abkühlstrecken geschwindigkeitsabhängig angenommen, so zeigt sich zusätzlich ein Geschwindigkeitseinfluß auf die mittlere Fadentemperatur T_m, wobei erwartungsgemäß mit höherer Geschwindigkeit T_m abfällt (Bild 5). Dieser Abfall beträgt im simulierten Bereich (zwischen 500 und 4000 m/min) je nach Galettentemperatur etwa 5 bis 15 °C. Ein Unterschied zwischen den beiden Faserstoffen PA und PE besteht im untersuchten Bereich nicht.

Betrachtet man den Aufheizungswirkungsgrad η_H (Bild 6, hier nur für die Anordnung A II gezeigt), der das prozentuale Verhältnis der erreichten Temperatur T_m zur Heizgalettentemperatur T_H angibt, so fällt zunächst bei ebenfalls nur im unteren Geschwindigkeitsbereich auftretender Feinheits- und Geschwindigkeitsabhängigkeit auf, daß der Wirkungsgrad der Wärmeübertragung mit höherer Galettentemperatur T_H abnimmt. Im Geschwindigkeitsbereich unter 1500 m/min zeigt sich, daß gröbere Fäden einen etwas höheren Wirkungsgrad aufweisen als feinere, wobei die Unterschiede mit kleiner werdender Geschwindigkeit immer größer werden. Die Wirkungsgradabsenkung beträgt im übrigen bei der hier gezeigten Anordnung A II gegenüber der Anordnung A I absolut etwa 3 bis 5%. Wird die Abkühlung intensiviert (siehe untere Kurvenschar Bild 6), so ergeben sich wesentlich kleinere Wirkungsgrade.

Beim Übergang auf eine geschwindigkeitsabhängige Wärmeübergangszahl für die Abkühlstrecken wird der Wirkungsgrad ebenfalls stark geschwindigkeitsabhängig bei gleichen übrigen Tendenzen wie vorher (Bild 7). Wiederum konnten praktisch gleiche Verläufe für PA und PE festgestellt werden.

Als eine sehr wesentliche Zielgröße zur Kennzeichnung der enormen Temperaturwechselbeanspruchung, der der Faden bei jeder vollen Umschlingung um die Galettensysteme ausgesetzt ist, muß die Fadentemperaturschwankung $\pm\Delta T/T_m$ um die mittlere Fadentemperatur T_m bezeichnet werden. Diese Temperaturschwankungen werden im untersuchten Geschwindigkeitsbereich dem Faden immerhin ca. 14- bis 110mal in der Sekunde aufgeprägt!

Im einzelnen wurden folgende Tendenzen festgestellt:

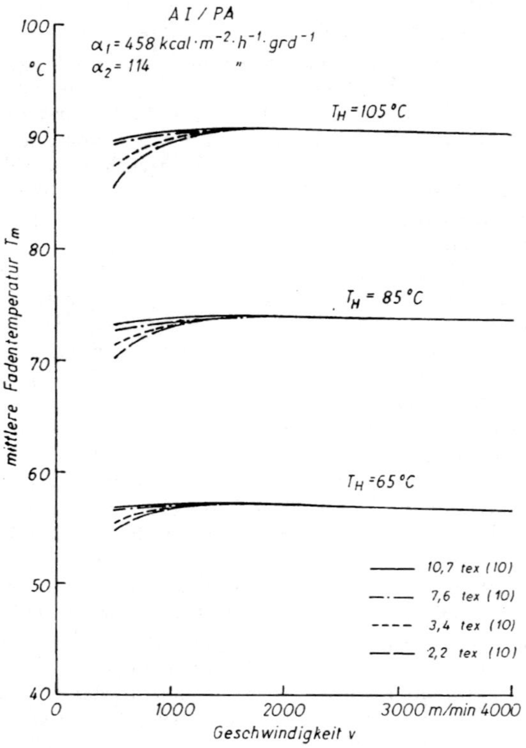

Bild 3. Mittlere Fadentemperatur T_m in Abhängigkeit von Fadenlaufgeschwindigkeit, Galettentemperatur und Fadenfeinheit für A I bei konstanter Wärmeübergangszahl α_2

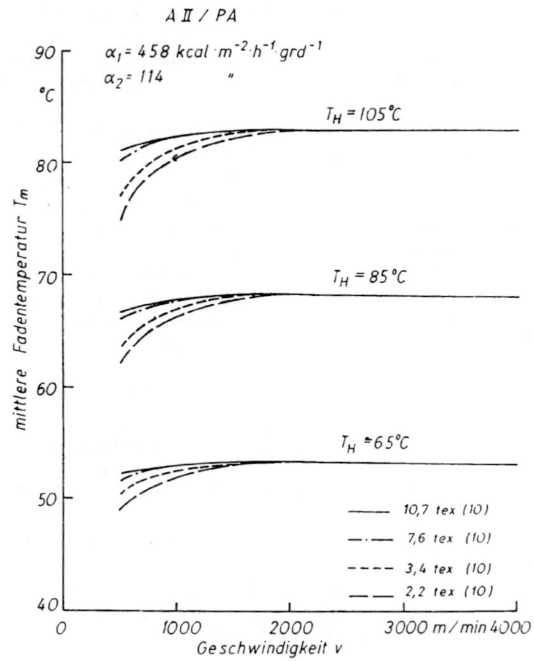

Bild 4. Mittlere Fadentemperatur T_m in Abhängigkeit von Fadenlaufgeschwindigkeit, Galettentemperatur und Fadenfeinheit für A II bei konstanter Wärmeübergangszahl α_2

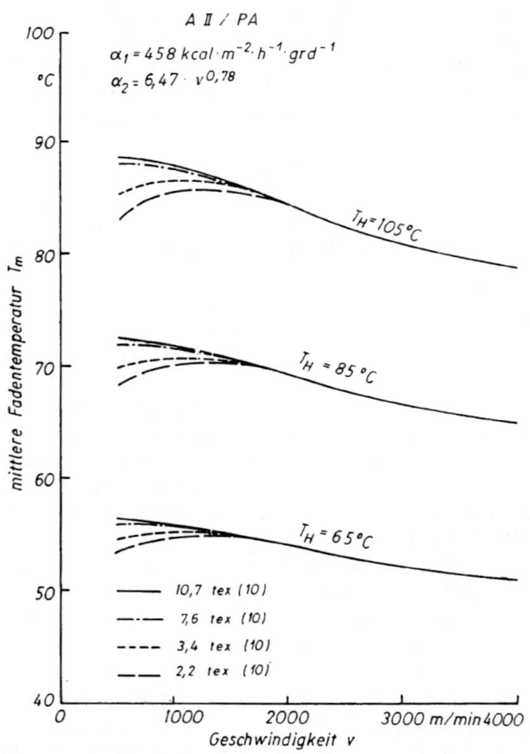

Bild 5. Mittlere Fadentemperatur T_m in Abhängigkeit von Fadenlaufgeschwindigkeit, Galettentemperatur und Fadenfeinheit für A II bei geschwindigkeitsabhängiger Wärmeübergangszahl α_2

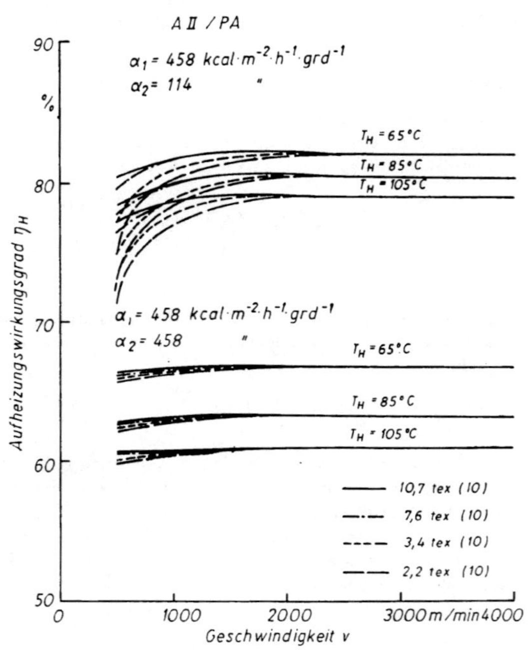

Bild 6. Aufheizungswirkungsgrad η_H in Abhängigkeit von Fadenlaufgeschwindigkeit, Galettentemperatur und Fadenfeinheit für A II bei konstanter Wärmeübergangszahl α_2

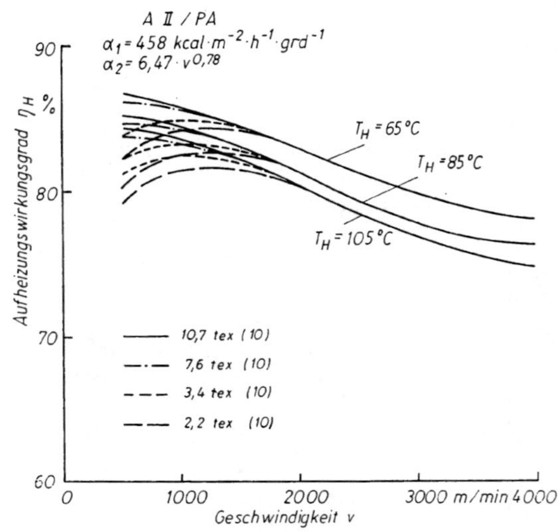

Bild 7. Aufheizungswirkungsgrad η_H in Abhängigkeit von Fadenlaufgeschwindigkeit, Galettentemperatur und Fadenfeinheit für A II bei geschwindigkeitsabhängiger Wärmeübergangszahl α_2

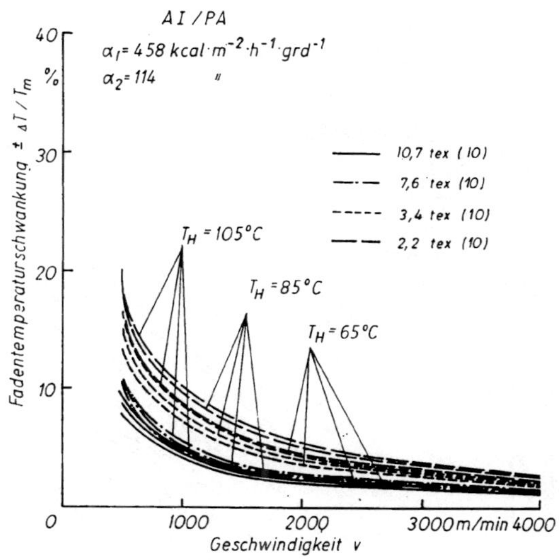

Bild 8. Fadentemperaturschwankung $\pm \Delta T/T_m$ in Abhängigkeit von Fadenlaufgeschwindigkeit, Galettentemperatur und Fadenfeinheit für A I bei konstanter Wärmeübergangszahl α_2

Die Temperaturwechselbeanspruchung (Bild 8) fällt mit steigender Geschwindigkeit, steigendem Fadendurchmesser sowie sinkender Heizgalettentemperatur ab. Die Anordnung A II (Bild 9) beansprucht den Faden mehr als die Anordnung A I (Bild 8).

Bemerkenswert dürfte sein, daß bei kleineren Geschwindigkeiten (unter 1000 m/min) feinere Fäden besonders bei hohen Galettentemperaturen auch quantitativ durchaus beachtlichen Temperaturschwankungen von $> \pm 30$ grd ausgesetzt werden. Es scheint nach diesem Befund im Interesse optimaler Ausnutzung der auf den Faden übertragenen Wärme günstig zu sein, den Faden beim Reckvorgang unmittelbar nach einer Aufheizstrecke ins Reckfeld einlaufen zu lassen, da der Faden dort seine unter den gegebenen Bedingungen höchste erreichbare Temperatur (bei allerdings inhomogener Temperaturverteilung über dem Fadenquerschnitt) besitzt. Bei einem Einlauf ins Reckfeld am Ende einer Abkühlungsstrecke wird zwar eine homogenere Temperaturverteilung im Querschnitt erreicht [3], allerdings bei wesentlich niedrigerer Fadentemperatur. Ob das eine oder das andere für den ungestörten Ablauf des Reckvorganges entscheidend ist, kann nicht abgeschätzt werden.

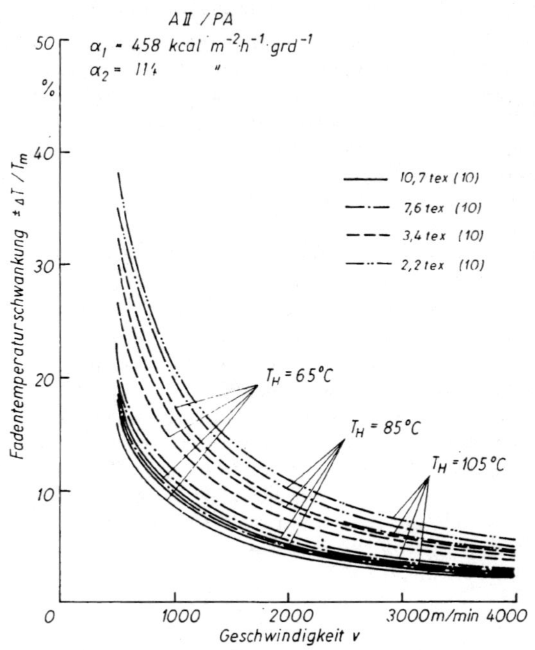

Bild 9. Fadentemperaturschwankung $\pm \Delta T/T_m$ in Abhängigkeit von Fadenlaufgeschwindigkeit, Galettentemperatur und Fadenfeinheit für A II bei konstanter Wärmeübergangszahl α_2

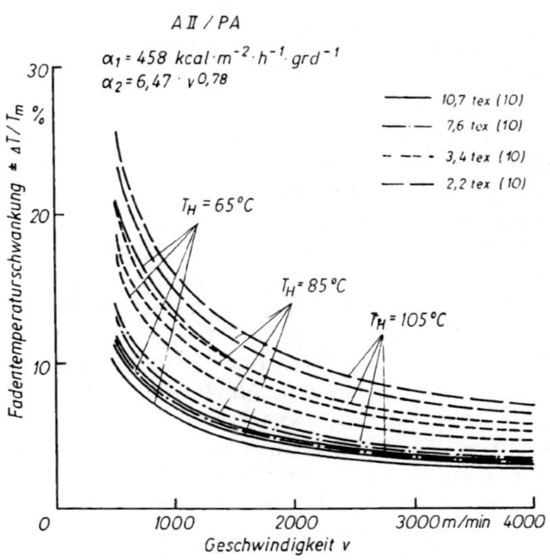

Bild 10. Fadentemperaturschwankung $\pm \Delta T/T_m$ in Abhängigkeit von Fadenlaufgeschwindigkeit, Galettentemperatur und Fadenfeinheit für A II bei geschwindigkeitsabhängiger Wärmeübergangszahl α_2

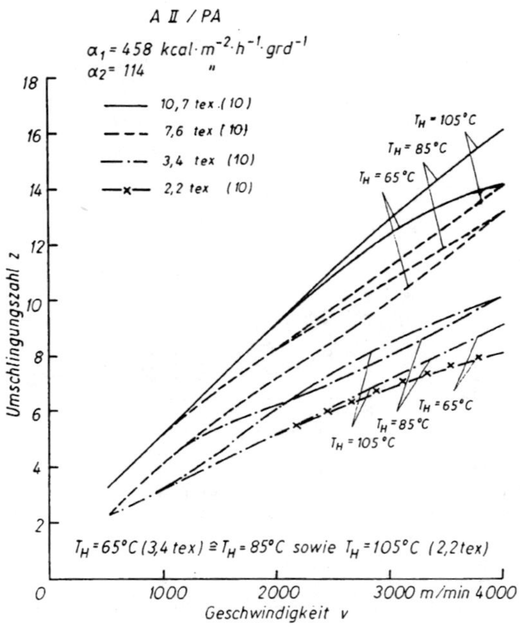

Bild 11. Minimale Umschlingungszahl z in Abhängigkeit von Fadenlaufgeschwindigkeit, Galettentemperatur und Fadenfeinheit für A I bei konstanter Wärmeübergangszahl α_2

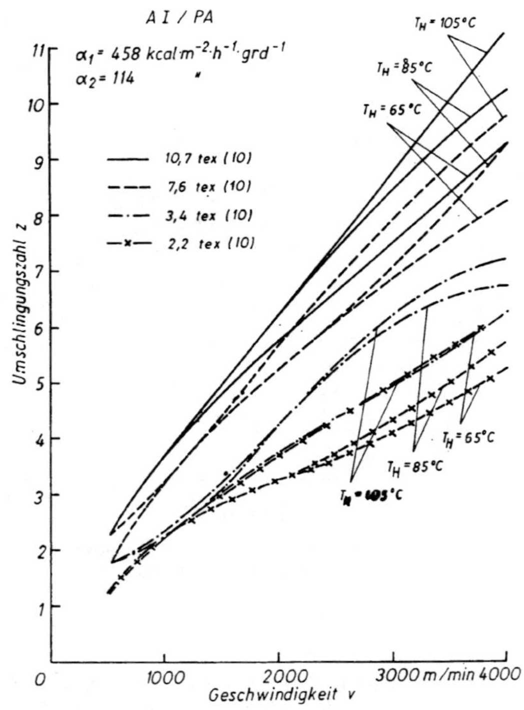

Bild 12. Minimale Umschlingungszahl z in Abhängigkeit von Fadenlaufgeschwindigkeit, Galettentemperatur und Fadenfeinheit für A II bei konstanter Wärmeübergangszahl α_2

Es wurde gefunden, daß PE bei gleichen technologischen Bedingungen einer etwas größeren Temperaturwechselbeanspruchung ausgesetzt ist als PA.

Wird die Wärmeübergangszahl für die Abkühlung geschwindigkeitsabhängig gewählt, so werden die Kurvenverläufe für die Temperaturwechselbeanspruchung über der Geschwindigkeit ausgeglichener (Bild 10). Auch bei Geschwindigkeiten unter 1000 m/min werden bei den feinsten Fäden $\pm 25\%$ kaum noch überschritten.

Die letzte der untersuchten Zielgrößen, die für die Erreichung der stationären Fadentemperaturen notwendige minimale Umschlingungszahl z, ist in den Bildern 11 und 12 dargestellt.

Tendenziell läßt sich ablesen, daß z um so größer gewählt werden muß, je höher die Fadengeschwindigkeit v, je gröber der aufzuheizende Faden und je höher die Galettentemperaturen T_H sind. Beim Vergleich der Anordnung A I (Galettenduo) und A II (Galette mit Breithalterrolle) zeigt sich, daß bei der Anordnung A II ca. 1,5mal mehr Umschlingungen aufgebracht werden müssen als bei der Anordnung A I.

Ein nur geringer Unterschied besteht zwischen den beiden Faserstoffen PA und PE, wobei für PA gering höhere Umschlingungszahlen anzuwenden wären als für PE. Die nicht gezeigten Kurven für das Modell mit geschwindigkeitsabhängiger Wärmeübergangszahl für die Abkühlung sind denen mit konstanten Wärmeübergangszahlen sowohl absolut als auch relativ ähnlich.

4. *Möglichkeit zur experimentellen Bestimmung der Wärmeübergangszahl Faden—Galettenoberfläche unter Einbeziehung von Fadenzugkraftmessungen*

Es soll abschließend eine Möglichkeit gezeigt werden, wie das benutzte mathematische Modell unter Einbeziehung leicht zu gewinnender experimenteller Daten zur Bestimmung der Wärmeübergangszahl α_1 (Faden/Metall), deren direkte Bestimmung durch Temperaturmessungen des Fadens auf der rotierenden Galette praktisch kaum möglich ist, benutzt werden kann. Dazu ist es zunächst notwendig, alle unbekannten Konstanten der Gleichungen (1) bis (4) bzw. (5) bis (8) mit Ausnahme von α_1 zahlenmäßig vorzugeben. Dies ist für die Start- bzw. Umgebungstemperaturen T_u und T_0, die Heizgalettentemperatur T_H, die Stoffkonstanten c und ϱ sowie die geometrischen und mechanischen Modellkonstanten v, s_1, s_2, s_3 leicht möglich. Die zahlenmäßige Vorgabe der Wärmeübergangszahl α_2 (Abkühlung in Luft) ist aus berührungslosen (z. B. pyrometrischen) Temperaturmessungen eines laufenden, definiert erwärmten Fadens möglich. Gelingt es nun, auf experimentellem Wege die Umschlingungszahl z zu bestimmen, die notwendig ist, um den stationären Zustand der Fadenaufwärmung (mittlere Fadentemperatur T_m) zu erreichen, so ist damit bekannt, wie oft die Modellgleichungen (1) bis (4) bzw. (5) bis (8) zur Nachbildung des Erwärmungsvorganges durchlaufen werden müssen. Gelingt es zusätzlich, die Temperatur des Fadens am Ende der letzten Aufheizstrecke ($T_{4 \cdot z+1}$) als Zielwert zahlenmäßig vorzugeben, so kann α_1 auf iterativem Wege aus dem mathematischen Modell mit Hilfe des folgenden Iterationsalgorithmus bestimmt werden:

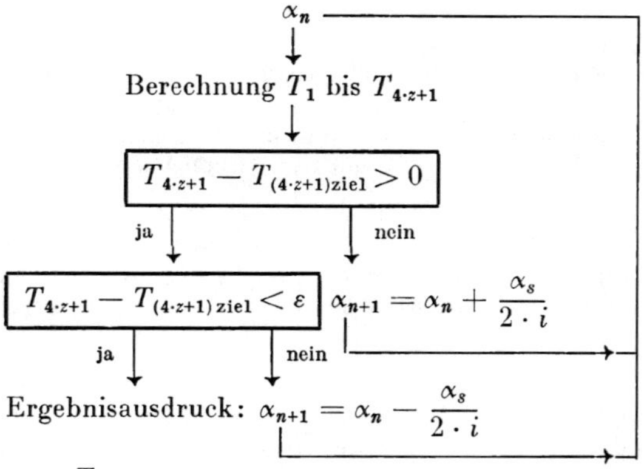

α_{ziel}, T_m, η_H,
$\Delta T/T_m$.

Es bedeuten

ε = vorgegebener Schrankenwert,
α_s = eingegebener Startwert für α_1,
α_{ziel} = Wert für α_1, der das Abbruchkriterium erfüllt,
i = Anzahl des Durchlaufes der Iterationsschleife.

Es sei abschließend kurz angedeutet, wie die noch fraglichen Größen z (Umschlingungszahl) und $T_{(4\cdot z+1)\,\text{ziel}}$ (Fadentemperatur am Ende der letzten Aufheizungsstrecke) mit Hilfe von Fadenzugkraftmessungen im Reckfeld gewonnen werden können. Mißt man die Fadenzugkraft (Bild 13) bei konstanten Bedingungen der Heizgalettentemperatur, der Fadenlaufgeschwindigkeit und des Reckverhältnisses in Abhängigkeit von der Umschlingungszahl des Fadens um die beheizte Eingangsgalette des Reckfeldes, so strebt diese mit steigender Umschlingungszahl einem konstanten Wert zu. Dieser Wert wird genau dann erreicht, wenn sich der stationäre Zustand der Aufheiz- und Abkühlvorgänge eingestellt hat, d. h. die minimal notwendige Umschlingungszahl vorhanden ist. Diese kann aus dem Diagramm abgelesen werden, im vorliegenden Bild beträgt sie 15.

Wird eine Eichkennlinie

$$\text{Fadenzugkraft} = f(\text{Galettentemperatur})$$

unter der Bedingung einer genügend großen Umschlingungszahl um eine beheizte Eingangsgalette (ohne Benutzung einer Breithalteeinrichtung, also ohne Abkühlungsstrecke) aufgenommen, so kann aus der Höhe der Fadenzugkraft im realen Reckprozeß (also mit Breithalterrolle oder Galettenduo) die Temperatur am Einlaufpunkt ins Reckfeld, also $T_{(4\cdot z+1)\,\text{ziel}}$, bestimmt werden. In beiden Fällen werden also die Mittelwerte der Fadenzugkraft als Indikator des Temperaturzustandes des Fadens am Reckfeldeingang benutzt.

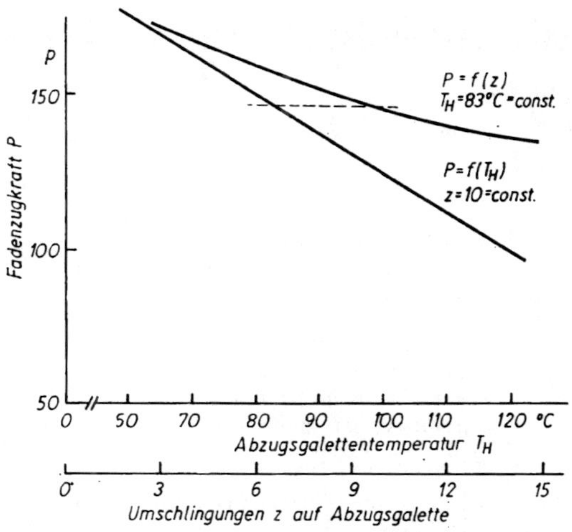

Bild 13. Fadenzugkraftverhalten von PE im Reckfeld in Abhängigkeit von der Temperatur und der Fadenumschlingung auf der Galette (Eingangsgalette des Reckfeldes)

Für wertvolle fachliche Diskussion während der Durchführung der Arbeit danke ich Herrn Dr. *S. Kaufmann* vom VEB Chemiefaserkombinat Schwarza „Wilhelm Pieck“, Rudolstadt-Schwarza, für die Durchführung der Digitalrechnerprogrammierung Frl. *G. Bibach* von der Rechenstelle des Wissenschaftlich-Technischen Zentrums Technische Textilien in Dresden recht herzlich.

Literatur

[1] *Pechoč, V.*, und *Staš, J.*: Ohrev vláken Stykem s ohrevnou plochou. Chem. Vlákna, Svit (Chem. Fasern) **22** (1972) 5, S. 75—77.
[2] *Staš, J.*, und *Pechoč, V.*: Tepelný výpočet galety. Chem. Vlákna, Svit (Chem. Fasern) **23** (1973) 1, S. 8—10.
[3] *Rottig, G.*: Erwärmungsverfahren für den Streckvorgang. Sektion Verarbeitungstechnik, Lehrbereich Wärmetechnik der TH Karl-Marx-Stadt, Diplomarbeit Nr. 5260/316, 1972.
[4] *Kaufmann, S.*: Temperaturberechnung von Fäden infolge Aufheizung. F/E-Bericht der HA WE des VEB Chemiefaserkombinats Schwarza „Wilhelm Pieck“, Rudolstadt-Schwarza 1971.

Eingegangen am 17. Juni 1974

Morphologische Untersuchung von Ionenaustauscherharz

Aranka Kalló

Forschungsinstitut für die Kunststoffindustrie, Budapest

DK 661.183.123:678.062:539.217.1:678.019.247:537.533.35:531.731.3

Es wird über elektronenmikroskopische Untersuchungen zur Charakterisierung von porösen Ionenaustauscherharzen berichtet. Die mit mathematischen Auswertemethoden erhaltenen Ergebnisse stimmen mit denen der Quecksilber-Porosimetrie gut überein.

Морфологическое исследование ионообменных смол

Методом электронной микроскопии исследовались морфологические свойства пористых ионообменных смол. Полученные при использовании математических методов обработки результаты хорошо совпадают с данными ртутной порозиметрии.

Morphological Investigations of Ion Exchange Resins

Electron microscopic investigations on the characterization of porous ion exchange resins are described. The results obtained by mathematical evaluation agree with those of mercury porosimetry.

Einleitung

Die Porosität bzw. die Porenverteilung von porösen Ionenaustauscherharzen kann durch indirekte Methoden (z. B. Quecksilberporosimetrie [1, 2] mit ausreichender Genauigkeit bestimmt werden. Es war jedoch notwendig, die innere Struktur des Harzkörnchens kennenzulernen und seine Morphologie visuell zu veranschaulichen. Da die erwarteten Porenabmessungen elektronenmikroskopisch nachweisbar sind, sollte sich die Elektronenmikroskopie für die Lösung dieses Problems eignen [3]. Das Ziel unserer Untersuchungen war es, mit Hilfe dieser Untersuchungsmethode nicht nur ein qualitatives Bild von dem strukturellen Aufbau des porösen Harzes zu erhalten, sondern möglicherweise auch eine quantitative Auswertung für die numerische Charakterisierung der Porosität zu schaffen. So könnten diese zwei voneinander unabhängigen und prinzipiell abweichenden Prüfmethoden genauere und vielseitige Kenntnisse über die Porosität des Harzes liefern.

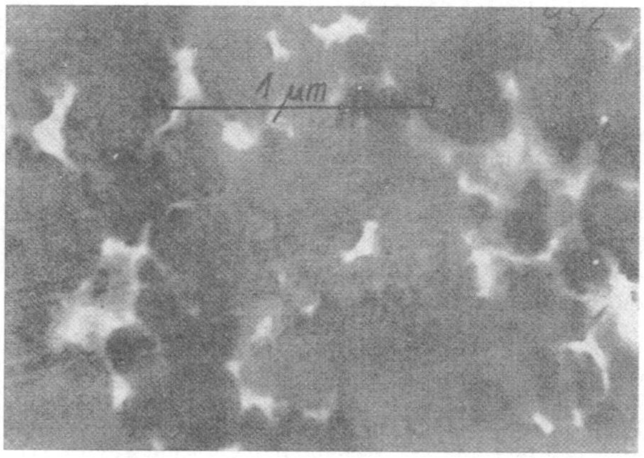

Bild 1. Elektronenmikroskopische Aufnahme des Copolymeren von 15% Divinylbenzolgehalt
Vergrößerung: 24000fach

Versuchsmethode

Die Proben wurden in ein Gemisch 1:1 von Polybutylmethacrylat und Polymethylmethacrylat eingebettet. Die eingebettete Probe wurde mittels eines Ultramikrotoms Typ Reichert Om U2 geschnitten und in einem Transmissions-Elektronenmikroskop vom Typ Zeiss ELMI D-2 untersucht.

Um eine bessere Kontrastwirkung zu erreichen, haben wir Uranyl-Kationenaustauscher geprüft. Weiterhin fanden wir, daß der Kontrast in den elektronenmikroskopischen Aufnahmen von unbehandeltem Grundpolymerem ausreichend ist und daher auch ein Kationenaustauscher in H-Form verwendet werden kann.

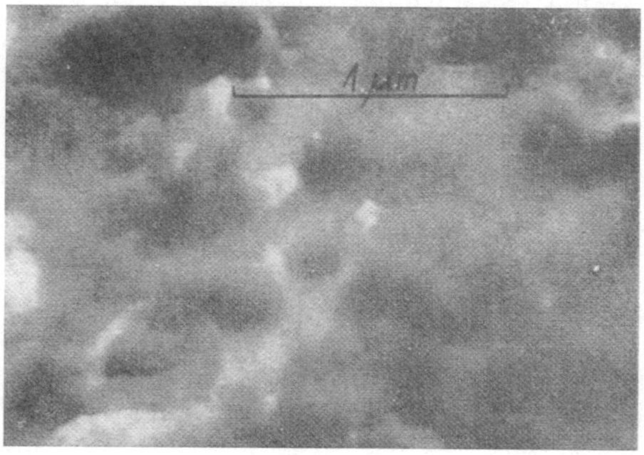

Bild 2. Elektronenmikroskopische Aufnahme des Kationenaustauscherharzes Varion KSM
Vergrößerung: 24000fach

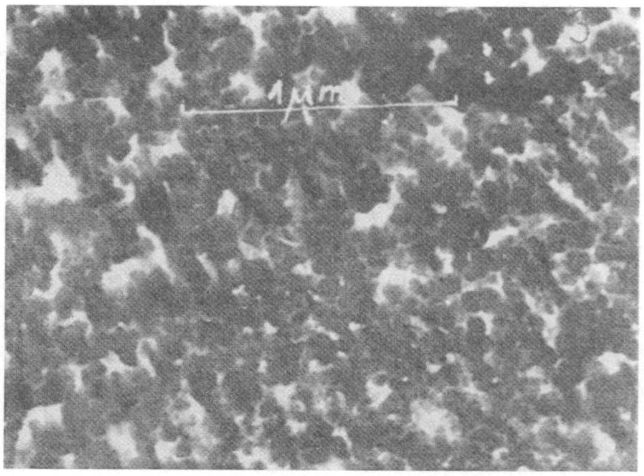

Bild 3. Elektronenmikroskopische Aufnahme des Kationenaustauscherharzes LEWATIT SP-120
Vergrößerung: 24000fach

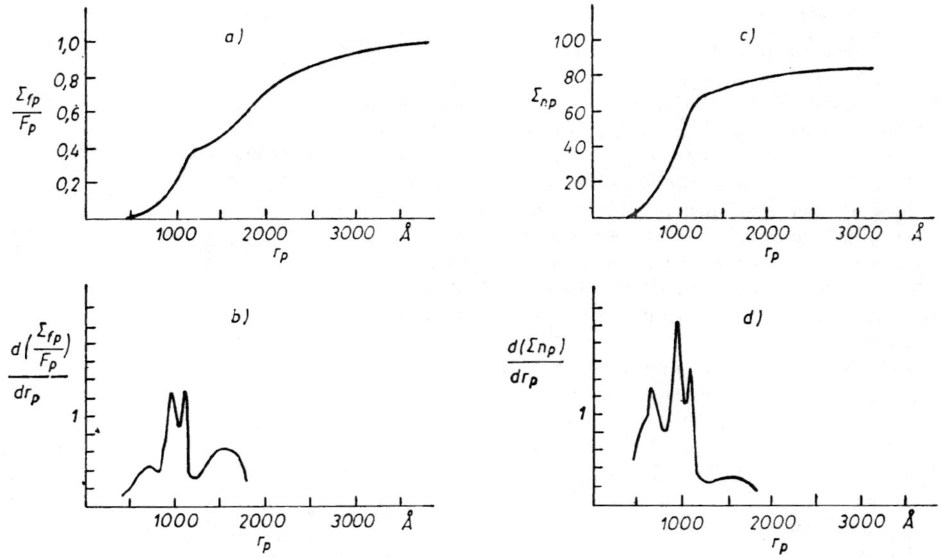

Bild 4. Porenverteilungskurven des Copolymers von 15% Divinylbenzolgehalt

a) Integrale Verteilung gemäß dem Porendurchschnitt
b) Differentiale Verteilung gemäß dem Porendurchschnitt
c) Integrale Verteilung gemäß der Porenzahl
d) Differentiale Verteilung gemäß der Porenzahl

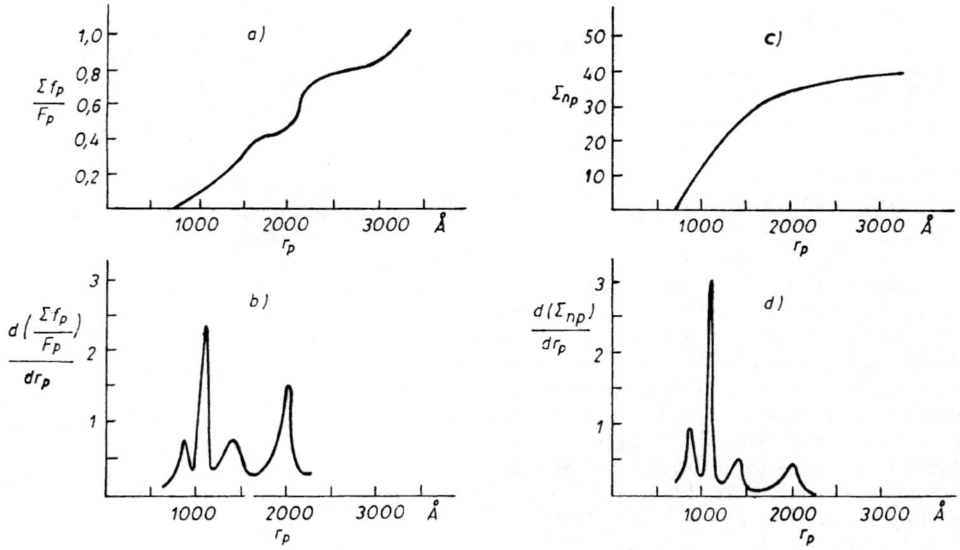

Bild 5. Porenverteilungskurven des Kationenaustauscherharzes VARION KSM

a) Integrale Verteilung gemäß dem Porendurchschnitt
b) Differentiale Verteilung gemäß dem Porendurchschnitt
c) Integrale Verteilung gemäß der Porenzahl
d) Differentiale Verteilung gemäß der Porenzahl

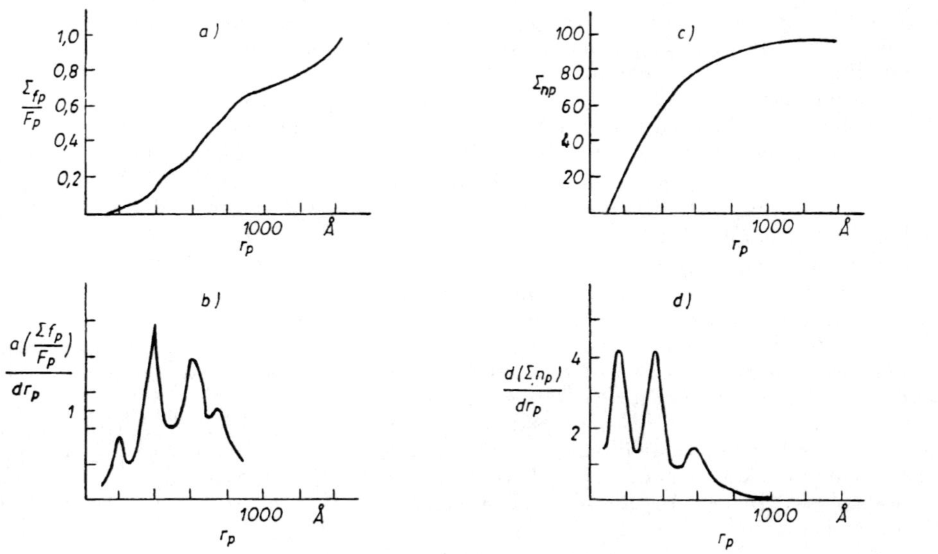

Bild 6. Porenverteilungskurven des Kationenaustauscherharzes LEWATIT SP-120

a) Integrale Verteilung gemäß dem Porendurchschnitt
b) Differentiale Verteilung gemäß dem Porendurchschnitt
c) Integrale Verteilung gemäß der Porenzahl
d) Differentiale Verteilung gemäß der Porenzahl

Versuchsergebnisse

Wir diskutierten die Versuchsergebnisse von drei Proben: die Kationenaustauscherharze VARION KSM und LEWATIT SP-120 und ein Styrol/Divinylbenzol-Mischpolymeres mit 15% Divinylbenzolgehalt (Grundpolymer des VARION KSM).

Die elektronenmikroskopischen Aufnahmen der untersuchten Proben sind in den Bildern 1 bis 3 zu sehen.

Bei der qualitativen Auswertung der Aufnahmen haben wir die folgenden Strukturkennzeichen gefunden:

Alle drei Proben weisen Körner poröser Struktur auf. Die Poren sind Zwischenräume zwischen den Polymerglobulas.

Die Körner des Mischpolymeren mit 15% Divinylbenzolgehalt sowie des daraus hergestellten Ionenaustauscherharzes VARION KSM sind durch eine Krustenstruktur gekennzeichnet. Sie bestehen aus Polymerglobulas nahezu gleicher Abmessungen; die Größe der Poren zwischen den Globulas ist bei VARION KSM größer als bei dem Grundpolymeren.

Der morphologische Aufbau des Ionenaustauscherharzes LEWATIT SP-120 unterscheidet sich völlig von dem des VARION KSM. Hier ist keine Krustenstruktur nachweisbar, und die Abmessungen der das Ionenaustauscherkorn bildenden Polymerglobulas sind wesentlich kleiner. Abgesehen von einigen größeren Poren haben sich viele kleine Poren in der Größenordnung der Polymerglobulas gebildet.

Für die quantitative Auswertung der Porosität von Proben verwendeten wir die folgende Methode:

Aus den elektronenmikroskopischen Aufnahmen von Ultradünnschnitten, die aus verschiedenen Probenbereichen hergestellt wurden, haben wir die Fläche der Poren bestimmt, die bei der Aggregation der Polymerglobulas entstanden sind. Die Porenflächen wurden ausgeschnitten und die Flächengrößen wurden gravimetrisch bestimmt [2]. Die in μm^2 gemessenen Porenflächen wurden nach ihrer Größe in zunehmender Reihenfolge aufgeschrieben, sortiert und aufsummiert. Der aufsummierte Wert (Σf_p) wurde auf die gemessene Gesamtporenfläche (F_p) bezogen ($\Sigma f_p/F_p$). Die Porenfläche wurde durch einen äquivalenten Radius eines gleichflächigen Kreises charakterisiert: $r_p = \sqrt{f_p/\pi}$. Anschließend wurden die $\Sigma f_p/F_p$-Werte als Funktion des Porenradius r_p graphisch aufgetragen und somit die Porenverteilungskurve erhalten.

Neben der obigen Flächenverteilung der Poren haben wir auch die Zahlenverteilung der Poren ermittelt.

Dazu werden die Porenradien ihrer Größe nach sortiert und aufsummiert und diese Werte als Funktion des Porenradius graphisch dargestellt.

Unserer Meinung nach kann die Porenverteilung (sowohl der Flächen- als auch der Zahlenverteilung) durch die entsprechenden Differentialkurven anschaulich charakterisiert werden. Die Differentialkurven wurden durch eine numerische Differentiation erhalten, so daß wir die der entsprechenden Integralkurven erhalten. Alle erhaltenen Porenverteilungskurven der drei Proben sind in den Bildern 4 bis 6 zu sehen. Die häufigsten Porenradien können aus den Differentialkurven entnommen werden. Die Ergebnisse sind in Tabelle 1 zusammengefaßt.

Die Ergebnisse zeigen, daß das Ionenaustauscherharz

Tabelle 1. Zusammenstellung der häufigsten Porenradien

Probe	Häufigster Porenradius in Å flächengemäß	Häufigster Porenradius in Å zahlengemäß
Mischpolymeres mit 15% Divinylbenzolgehalt	700	600···700
	900···1000	*850···1000*
	1050···1150	*1050···1150*
	1500···1700	1600
VARION KSM	800···900	*800···950*
	1000···1150	*1050···1150*
	1300···1500	1300···1500
	1900···2100	1900···2100
LEWATIT SP-120	150···250	*130···230*
	300···450	*300···450*
	550···700	550···700

Für die Porenabmessungen der Proben sind die kursiv gesetzten Werte charakteristisch.

VARION KSM und sein Grundpolymeres einen ähnlichen strukturellen Aufbau haben, allerdings liegen die häufigsten Porenabmessungen bei dem Ionenaustauscherharz bei etwas größeren Werten im Gegensatz zu dem Grundpolymeren.

Die Porenabmessungen und Porenverteilung des Ionenaustauscherharzes LEWATIT SP-120 sind in bezug auf die eben beschriebenen Proben unterschiedlich: die Poren sind wesentlich kleiner und zeigen eine homogenere Verteilung als Folge der gleichmäßigeren Abmessungen und mehr geordneten Packung von Polymerglobulas.

Aus den graphischen Darstellungen für die Ionenaustauscherharze ergibt sich weiterhin, daß die häufigsten Porenradiuswerte, der Zahlenverteilungskurve entnommen, bei kleineren Porenabmessungen liegen als jene, die der Flächenverteilungskurve entnommen wurden. Das heißt, daß die Auswahl der kleineren Poren größer ist als die der großen, wenn die größeren Poren einen höheren flächenmäßigen Anteil an der Gesamtporenfläche besitzen.

Diese Kennzeichen der Porosität können auch in der praktischen Verwendung als Anhaltspunkt dienen. Die durch die elektronenmikroskopische Methode erhaltenen Ergebnisse stimmen mit den Angaben der Quecksilber-Porosimetrie auffallend überein. Die Porenverteilungskurven weisen gleichen Charakter auf, so wie die durch beide Methoden ermittelten wahrscheinlichsten Porenabmessungswerte in ihrer Größenordnung übereinstimmen.

Wie die Ergebnisse zeigen, gestattet die Elektronenmikroskopie bei der Untersuchung der Struktur von Kunstharzen durch die Verwendung geeigneter Bewertungsmethoden auch eine quantitative Charakterisierung der Proben.

Literatur

[1] *Dulliev, F. A. L.*, und *Batke, V. K.:* Determination of the structure of porous media. IEC. Ind. engng. Chem. **62** (1970) S. 25—53.

[2] *Paul, D.*, und *Bartsch, D.:* Bestimmung von Hohlräumen in Fasern durch Hg-Porosimetrie. Faserforsch. u. Textiltechnik **23** (1972) S. 187—191.

[3] *Pelzbauer Z.*, und *Forst, V.:* The electron microscopic evaluation of the porosity of ion-exchangers. Coll. czechoslov. chem. Commun. **31** (1966) S. 2338—2343.

Eingegangen am 15. März 1974

Faserforschung und Textiltechnik 25 (1974) Heft 11
Zeitschrift für Polymerforschung

Nachweis vernetzter Polyamid-6-Teilchen aus rekombinierten freien Radikalen nach mechanischer Beanspruchung des Polyamid 6 mit Hilfe des Granulometers TuR ZG 2

Ernst Wiesener und Horst Mertel

VEB Chemiefaserkombinat Schwarza „Wilhelm Pieck" in Rudolstadt-Schwarza, Direktorat Forschung

DK 677.494.675'126:678.675'126—492/.493:677.019.06:539.89:[541.182:53.083.722]:539.89:543.257.5

Durch geeignete Modelluntersuchungen wird nachgewiesen, daß die Entstehung vernetzter Polymerteilchen in PA-6-Seiden während des gesamten Herstellungsprozesses weniger durch thermische und thermooxydative Schädigungen bzw. Verunreinigung durch Fremdstoffpartikel als vielmehr durch vielfältige mechanische Beanspruchungen verursacht wird. Für diesen Nachweis wurden PA-6-Granulat, -Bänder und -Fäden ausgewählt, die unterschiedlichen mechanischen Beanspruchungen ausgesetzt waren und deren Teilchengehalt jeweils konduktometrisch mittels des Granulometers TuR ZG 2 bestimmt wurde.

Доказательство наличия сшитых частиц из рекомбинированных свободных радикалов в полиамиде 6 после механической нагрузки при помощи гранулометра TuR ZG 2

Путем исследований подходящих моделей показано, что образование сшитых частиц в полиамидной текстильной нити во всем процессе ее получения обуславливается в меньшей мере термическим и термоокислительным воздействиями или загрязнением посторонними примесями, а, прежде всего, различными видами механической нагрузки. Объектами исследования служили образцы гранулята, ленты и нити, подвергнутые различным механическим воздействиям, причем определение содержания сшитых частиц осуществлялось кондуктометрическим путем с использованием гранулометра TuR ZG 2.

Crosslinked Polyamid-6-Particles caused by Free Radical Recombination after Mechanical Stressing as detected by Means of the Granulometer TuR ZG 2 of the polyamid 6

The formation of crosslinked polymer particles in PA-6 multifilament yarns during the production process is shown to be not so much caused by thermal and thermooxydative degradation or impurities than by multiple mechanical stressing. This was found with PA-6 granulate, ribbons and filaments having been subjected to various kinds of mechanical stress by conductometric determination of the particle content by means of the granulometer TuR ZG 2.

1. *Einleitung*

Das von *Coulter* entwickelte konduktometrische Meßverfahren der Teilchenzählung (Granulometrie) [1] wurde von mehreren Autoren so modifiziert, daß es für die Teilchenzählung in VI- [2], PVC- [3], PVY- [4], PA-6-[5] und PÄT-Lösungen [6] genutzt werden kann.

Im Institut für Polymerenchemie in Teltow-Seehof (IPOC) sind umfangreiche experimentelle Untersuchungen zur Gelteilchenbildung durch thermische und thermooxydative Schädigung in Polyamiden, insbesondere in Polycaprolactam, durchgeführt worden [7 bis 9]. Dabei beobachteten die Autoren mehrfach, daß ein signifikantes Anwachsen der Teilchengehalte in Polycaprolactam nur nach relativ harten Schädigungsbedingungen erfolgt (z. B. bei 193 °C unter Luftzutritt erst nach ca. 5 h). Auf Grund der relativ guten thermischen und thermooxydativen Beständigkeit des PA 6 in bezug auf die Bildung vernetzter Teilchen war es nicht möglich, die konduktometrische Teilchenzählung als ständige Betriebsmethode für die Qualitätseinstufung von PA-6-Granulat hinsichtlich seiner Spinnbarkeit einzusetzen [10].

Pass u. Mitarb. [11] hatten gefunden, daß der Teilchengehalt in mit TiO_2 mattiertem Polycaprolactam während der Seidenherstellung von Prozeßstufe zu Prozeßstufe ständig zunimmt (z. B. Granulat: ca. 80 Teilchen/10 mg PA 6; Spinnwirre: ca. 700; Spinnseide: ca. 1100; Reckseide: ca. 1800 bei 2,2 tex(1)), wobei sie die Ursache für die ständige Teilchenzunahme vorzugsweise in der Aufnahme von aus der Anblasluft und aus der Luft der Produktionsräume stammenden Fremdpartikeln (Staub) gesehen hatten.

Jakob [7] hatte eine Erhöhung des Teilchengehaltes nach der Zerkleinerung von geschädigtem und ungeschädigtem PA 6 in einer schnell rotierenden Schlagmühle nachgewiesen. Er führte die Teilchenzahlerhöhung auf Metallabrieb und möglicherweise auf die Zerschlagung von insbesondere größeren Gelteilchen zurück.

Die Deutungsversuche von *Pass* und *Jakob* befriedigten uns nicht. Es ist bekannt, daß sich in Polymeren durch mechanische Beanspruchung (Pulverisieren, Recken, Brechen) freie Radikale bilden ([12] und dort zitierte Literatur). In diesen und weiteren Arbeiten [13 bis 16] — die hier zitierte Auswahl erhebt keinen Anspruch auf Vollständigkeit — wird beschrieben, daß die durch mechanische Beanspruchung oder durch Bestrahlung mit energiereichen Strahlen entstandenen freien Radikalen durch ESR-Absorption, z. T. durch reversible Verfärbung des Polymerenmaterials und/oder durch Löseversuche nachgewiesen wurden. In mehreren Fällen wird darauf hingewiesen, daß die Rekombination der relativ kurzlebigen freien Radikale unter Bildung vernetzter Polymermaterialien erfolgt.

Wir vertreten in Anlehnung an die zitierten Arbeiten und auf Grund eigener Ergebnisse die Auffassung, daß die von *Pass* und *Jakob* beobachteten Teilchenzahlerhöhungen größtenteils nicht auf thermische bzw. thermooxydative Schädigungen während des Schmelzens und Spinnens und im wesentlichen auch nicht auf vom Polycaprolactam aufgenommene Fremdpartikel (Staub) zurückzuführen sind, sondern auf die Zunahme vernetzter PA-6-Materialien infolge Radikalbildung während und Radikalrekombination nach hoher mechanischer Beanspruchung. Zur Bestätigung dieser Hypothese führten wir einige Modelluntersuchungen durch.

Tabelle 1. Teilchengehalte in PA-6-Granulat in Abhängigkeit von der Bestrahlungsdauer mit UV-Strahlen (nach IPOC-Standardvorschrift[1]))

Bestr. [h]	0	1	2	4	8	24	32	48	56	72	80	96	104	200
PA-6-mt	33	—	—	—	800	1330	1410	1790	2050	2180	2240	2220	2360	—
PA-6-gl	70	74	74	75	64	720	950	690	880	1020	—	—	—	1440

[1]) Granulometer TuR ZG 2
Düsenstrom: 1280 μA
Verstärkungsfaktor: $2 \cdot 10^4$
Düsendurchmesser: 140 μm
Lösezeit: 1,5 h/20 °C
Lösungsmittel: HCOOH (85%; 100 ml)/H_2SO_4 (96%; 8 ml)
Konzentration: 1 g PA 6/100 ml LM
Meßvolumen: 1 ml
Unterer Diskriminator: 3

2. Durchgeführte Versuche und Versuchsergebnisse

2.1. Bildung vernetzter Polymerprodukte in PA 6 durch UV-Bestrahlung

Zu Beginn unserer experimentellen Arbeiten unterzogen wir die konduktometrische Teilchenzählung mittels des Granulometers TuR ZG 2 einem Test, mit dem wir uns von der prinzipiellen Nachweisbarkeit vernetzter PA-6-Produkte (Gelteilchen) mittels dieser Methode selbst überzeugen wollten. Wir wählten für diesen Test kein thermisch bzw. thermooxydativ geschädigtes PA 6 — solches hatte der Arbeitskreis von *Reinisch* in Teltow-Seehof schon sehr umfassend untersucht —, sondern wir bestrahlten PA-6-Granulat-mattiert und -unmattiert mit UV-Licht einer SOLIMED-Quarzlampe TA 500 der H.-J. Höpfle KG, Leipzig-Markkleeberg (Abstand: 35 cm, Zeit: 0 bis 200 h).

Die Ergebnisse (Tabelle 1, Bild 1) zeigten, daß die Schädigung in mattiertem PA 6 (0,4% KRONOS AVF) nach 8 h Bestrahlungsdauer schon beträchtlich ist und sich relativ schnell verstärkt. Wir fanden dabei auch die bekannte Tatsache bestätigt, daß unmattiertes PA-6-Granulat durch UV-Strahlen wesentlich langsamer und weniger stark geschädigt wird. Nach drei bis vier Tagen schritt die Vergelung in beiden PA-6-Materialien nur noch langsam fort.

Jakob hatte in seiner Dissertation darauf hingewiesen, daß Gelteilchen in PA-6-Lösungen nicht sedimentierbar sind (10 min 1300 U/min), TiO_2 dagegen unter diesen Bedingungen quantitativ abgeschieden wird. *Pass* hatte nachgewiesen, daß in Lösungen von mattiertem PA 6 mit dem TiO_2 auch die Gelteilchen mitgerissen und somit der Zählung entzogen werden. Auf diese einfache Art und Weise konnten wir uns davon überzeugen, daß bei der UV-Bestrahlung die Teilchenzunahme in unmattiertem PA 6 nur durch die entstandenen Vernetzungsprodukte und keine sonstigen, sedimentierbaren Verunreinigungen (Staub usw.) verursacht worden war; denn die Teilchengehalte waren vor und nach dem Zentrifugieren gleich (Tabelle 2); im mattierten PA 6 wurden dagegen alle Partikel sedimentiert (Teilchengehalt nach dem Zentrifugieren gleich dem des „leeren" Lösungsmittelgemisches!).

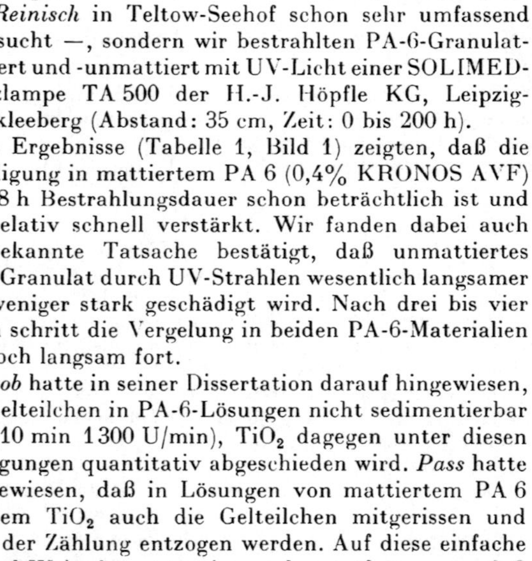

Bild 1. Teilchengehalte (Z) in PA-6-Granulat (○ mattiert, × unmattiert) in Abhängigkeit von der Bestrahlungsdauer mit UV-Strahlen

Tabelle 2. Teilchengehalte in PA-6-mt- und PA-6-gl-Lösungen vor und nach dem Zentrifugieren

Proben-Behandlung	PA-6-mt (72 h bestr.)	PA-6-gl (200 h bestr.)
„Leerwert"	18	14
nicht zentrifugiert	2110	1330
zentr. (10′/3000 U min^{-1})	22	1317

2.2. Bildung von Vernetzungsprodukten in PA 6 durch mechanische Beanspruchungen

2.2.1. Mechanische Belastung von PA-6-Granulat durch Schlag

ε-Caprolactam wurde von uns im Autoklaven bei verschiedenen Temperaturen (230, 240, 250 und 260 °C) polymerisiert und zu 1,5 mm dicken Bändern bei 20 °C vergossen. Die ermittelten Teilchenzahlen stimmten sehr gut miteinander überein (130, 165, 162, 155), so daß also von uns keine Abhängigkeit der Teilchengehalte von der Polymerisationstemperatur festgestellt werden konnte. In einer anderen Versuchsreihe waren die Teilchengehalte auch unabhängig von der Durchsatzzeit im VK-Rohr (24, 36 h) gefunden worden.

Diese Ergebnisse bestätigten noch einmal die relativ gute thermische/thermooxydative Beständigkeit des PA 6 oder die Unempfindlichkeit der konduktometrischen Teilchenzählung für geringere derartige Schädigungen im PA 6.

Um den Einfluß einer starken mechanischen Belastung auf die „Schädigung" von PA-6-Granulat nachzuweisen, wurden extrahierte und unextrahierte Granulate bei Raumtemperatur einzeln durch einen kräftigen Hammerschlag breitgeschlagen. Bei dieser Behandlung wurde sorgsam darauf geachtet, daß die Granulate weder durch die Unterlage noch durch den Hammer mit Staub oder Abrieb in Berührung kamen. An den „geschlagenen" und „ungeschlagenen" Granulaten wurde anschließend der Teilchengehalt ermittelt. Dabei konnten wir die überraschende Feststellung machen, daß die Teilchenzahl der mechanisch stark beanspruchten Granulate gegenüber den unbehandelten

Tabelle 3. Teilchengehalte in PA-6-Granulat („ungeschlagen", mit einem Hammer „geschlagen")

„Behandlung"	PA-6-Granulat (~ 7% Extrakt)	PA-6-Granulat (~1% Extrakt)
„Ungeschlagen"	97	130
„Geschlagen"	826	747

um ein mehrfaches anstieg. Ein Einfluß des Extraktgehaltes auf den Anstieg der Teilchenzahl konnte nicht festgestellt werden (Tabelle 3).

2.2.2. Mechanische Belastung von PA-6-Spinnfäden durch den Reckprozeß

Mehrere Autoren [13, 15] haben gefunden, daß die Konzentration freier Radikale in Polymeren mit steigendem Reckgrad zunimmt und daß die maximale Konzentration der Polymerradikale beim Reckbruch erreicht wird.

Wir konnten den Anstieg vernetzter Teilchen in PA-6-Fäden mit steigendem Reckgrad auch mittels der konduktometrischen Teilchenzählung nachweisen (Tabelle 4, Bild 2). Die Fäden waren auf einem Laborextruder der Fa. Plamvo ersponnen und auf einer Zimmer-Labor-Reckeinrichtung bei konstanter Reckgeschwindigkeit auf verschiedene Reckgrade gereckt worden.

Weiterhin haben wir eine normal ausgereckte Seide [3,3 tex(6)] (Restdehnung ca. 40%, Teilchenzahl: 2960) auf einer ZT-Zugprüfmaschine bis zum Bruch gereckt. Durch dieses Nachrecken der Seide bis zum Bruch stieg die Teilchenzahl der normalen Reckseide bis auf 4770 an.

Tabelle 4. Teilchengehalte in gereckten PA-6-Fäden in Abhängigkeit vom Reckverhältnis bei konstanter Reckgeschwindigkeit

Reckverhältnis 1:	1,0	1,5	2,0	2,5	3,0	3,5
Versuchsreihe 1	1220	1440	1630	2750	2210	3560
Versuchsreihe 2	960	—	1160	1530	—	1850

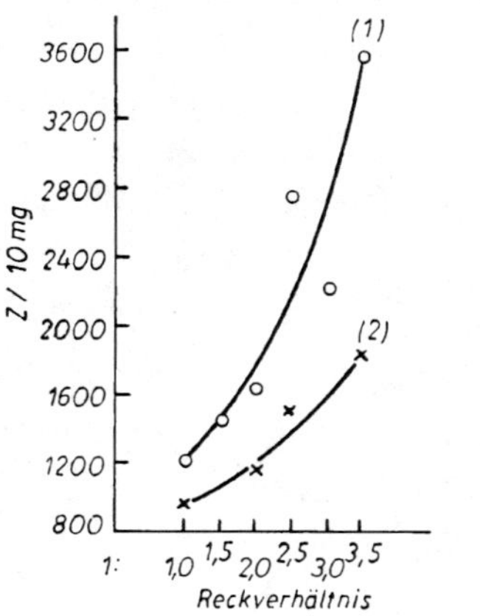

Bild 2. Teilchengehalte in gereckten PA-6-Fäden in Abhängigkeit vom Reckverhältnis

Diese Versuchsergebnisse bestätigen unseres Erachtens überzeugend die von den genannten Autoren gefundene Erhöhung der Radikalkonzentration und die damit einhergehende Vernetzung mit steigendem Reckgrad. Und es zeigt sich auch hier, daß bei sehr hohen Reckgraden, kurz vor dem Fadenbruch, die Radikalbildung besonders stark zunimmt.

2.2.3 Recken von PA-6-Bändern mit unterschiedlichem Ordnungsgrad

Um den Einfluß des Ordnungsgrades im ungereckten PA 6 auf die Zunahme der Teilchenzahl beim Recken zu untersuchen, wurden PA-6-Bänder von ca. 1,5 mm Dicke hergestellt. Die schmelzeflüssigen Bänder wurden nach Verlassen des Polymerisationsautoklaven in Wasser von 25, 40, 50, 60, 70 und 80 °C abgeschreckt. Die unterschiedlich schnell abgekühlten Bänder ließen zwar keine signifikanten Unterschiede in der Dichte und Röntgenstruktur erkennen, zeigten jedoch in ihrer Sphärolithstruktur deutliche Unterschiede. Mit steigender Temperatur des Kühlmediums, besonders oberhalb 40 °C, nehmen Zahl und Größe der Sphärolithe zu.

Diese PA-6-Bänder ließen im ungereckten Zustand näherungsweise keine Unterschiede im Teilchengehalt erkennen. Nach dem Recken bis zum Bruch ergab sich jedoch ein deutlicher Anstieg der Teilchenzahl mit steigender Gießwannentemperatur (s. Tabelle 5a, Bild 3).

Tabelle 5. Teilchenzahl gereckter und ungereckter PA-6-Bänder in Abhängigkeit von der Gießwannentemperatur
a — unextrahierte Bänder
b — extrahierte Bänder

	Gießwannentemp. in °C	25	40	50	60	70	80
a	ungerecktes, unextr. Band	370	—	225	350	750	600
	gerecktes, unextr. Band	570	—	1560	2510	3470	5200
b	ungerecktes, extr. Band	710	630	590	780	970	690
	gerecktes, extr. Band	940	870	1410	1440	1730	2420

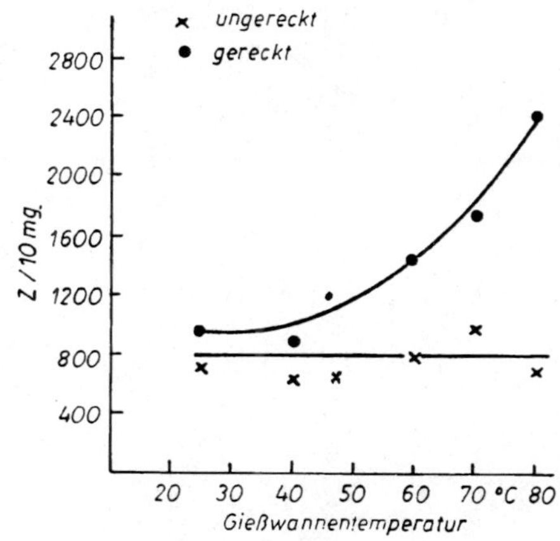

Bild 4. Teilchengehalte in extrahierten PA-6-Bändern mit unterschiedlichem Ordnungsgrad

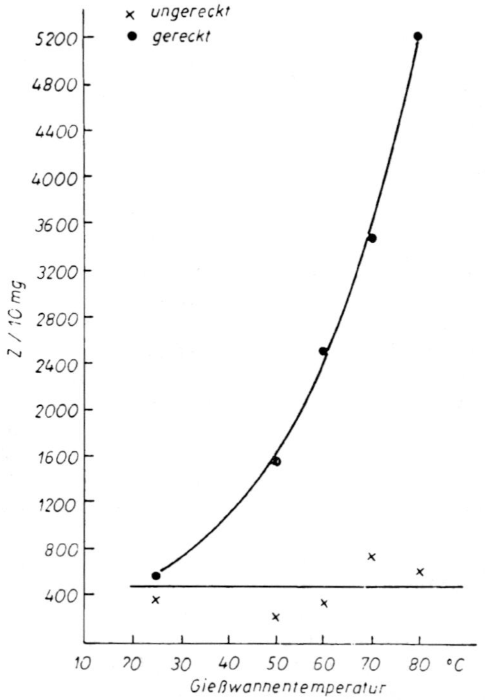

Bild 3. Teilchengehalte in unextrahierten PA-6-Bändern mit unterschiedlichem Ordnungsgrad

Um den Einfluß des Extraktgehaltes und der beim Extrahieren stattfindenden Strukturänderungen des PA 6 auf die beim Recken entstehenden Polymervernetzungen zu untersuchen, wurden die oben beschriebenen Bandproben 8 h in siedendem Wasser extrahiert, mehrere Tage an der Luft getrocknet und dann bis zum Bruch gereckt. Auch bei diesen Proben war der Teilchengehalt der ungereckten Bänder weitgehend konstant. Dagegen ist nach dem Recken wiederum ein deutlicher Einfluß der Gießwassertemperatur festzustellen (Tabelle 5b, Bild 4).

Aus diesen Ergebnissen folgt, daß der Anstieg der Teilchenzahl beim Recken sehr stark davon abhängt, wie schnell die Polymerschmelze beim Bandgießen (Fadenbildung) abgekühlt wurde, d. h., welche Primärstruktur beim Abkühlen der Schmelze entstanden ist. Darüber hinaus ist zu folgern, daß die während des Extraktionsprozesses stattfindenden (sekundären) Strukturänderungen in den PA-6-Bändern (Dichteanstieg von ca. 1,133 g/cm³ auf ca. 1,155 g/cm³, Strukturumwandlung von der hexagonal-nematischen in die monokline Struktur) weder auf die Teilchenzahl der ungereckten Bänder einen nennenswerten Einfluß haben, noch den Einfluß der Primärstruktur auf die Teilchenzahl nach dem Recken eleminieren. Allerdings ist der Anstieg der Teilchenzahl beim Recken der extrahierten Bänder geringer als bei den unextrahierten Bändern.

Weiterhin wurden PA-6-Bänder mit 3 mm Durchmesser hergestellt und diese in 20 bzw. 87 °C heißes Wasser gegossen. Diese dicken Bänder kühlten im Gießwasser wesentlich langsamer ab und zeigten deutlich unterschiedliche Sphärolithstrukturen in Abhängigkeit von der Gießwassertemperatur (s. Bilder 5 und 6). Das Recken der lufttrockenen Bänder erfolgte auf einem 5000-kp-SCHOPPER-Zug-Druck-Prüfgerät jeweils auf etwa das Dreifache der Ausgangslänge. Auch

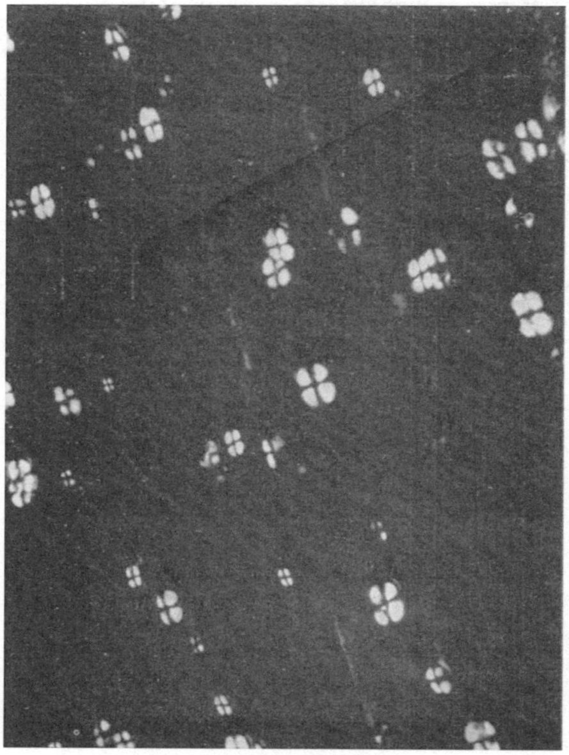

Bild 5. Sphärolithstruktur eines 3 mm dicken PA-6-Bandes bei einer Gießwannentemperatur von 20 °C

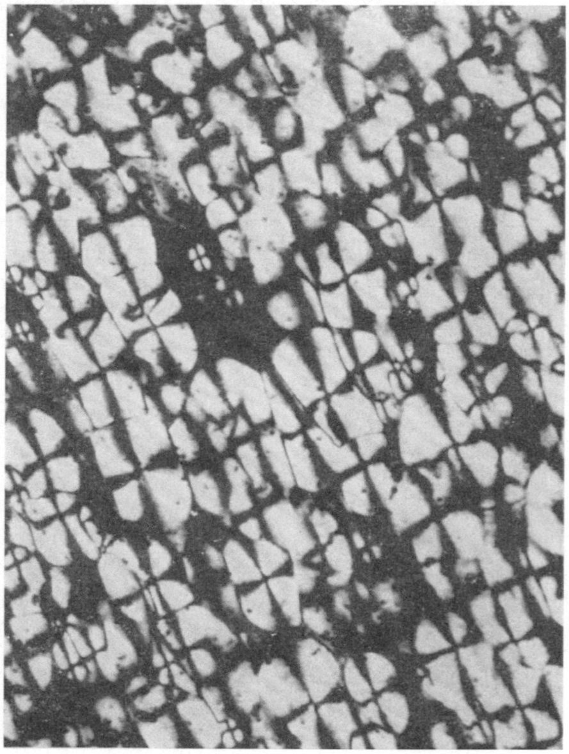

Bild 6. Sphärolithstruktur eines 3 mm dicken PA-6-Bandes bei einer Gießwannentemperatur von 87 °C

Tabelle 6. Teilchenzahl ungereckter und gereckter PA-6-Bänder in Abhängigkeit von der Gießwassertemperatur

Gießwassertemp. in °C	Band 1		Band 2	
	20	87	20	87
ungereckt	210	470	230	330
gereckt	430	1690	500	1000

hier wurde festgestellt, daß die Teilchenzahl der ,,heiß"-gegossenen Proben stärker ansteigt als bei den ,,kalt"-gegossenen (s. Tabelle 6).

Auf Grund der unterschiedlichen Zahl und Größe der in den ,,kalt"- und ,,heiß"-gegossenen Bändern enthaltenen Sphärolithe (Bilder 5, 6) vermuteten wir, daß die Teilchenzahlerhöhung beim Recken u. U. durch Teilung der relativ großen Sphärolithe bzw. großer vernetzter Teilchen zustande kommt. In diesem Falle sollte sich die Größe der Teilchen beim Recken verringern. Zur Überprüfung dieser Vermutung ermittelten wir an einem 3 mm dicken, bei 87 °C abgeschreckten Band im ungereckten und gereckten Zustand nach *Heidenreich* [17] die Teilchendurchmesser d (in µm), den Zahlenwert D_z (in %), der analog zur Prüfsiebung dem ,,Durchgang" von Teilchen entspricht, und die Zahlenkennlinie, für die die Größe D_z im logarithmischen Wahrscheinlichkeitsnetz über der Teilchengröße d aufgetragen wird.

Die in Bild 7 dargestellten Zahlenkennlinien für das gereckte und ungereckte Band sind jedoch praktisch identisch. Das bedeutet, daß die Zunahme der Teilchen-

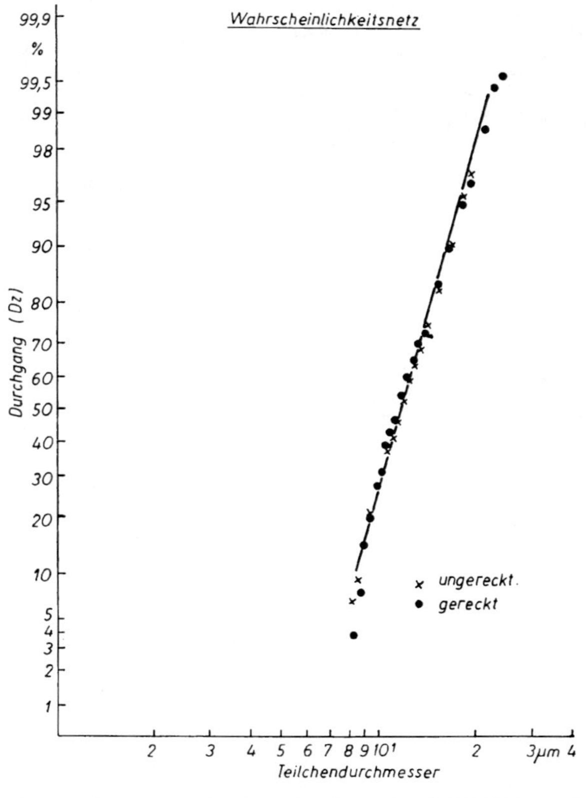

Bild 7. Zahlenkennlinie für PA-6-Band (230 °C/87 °C/3 mm) ungereckt und gereckt

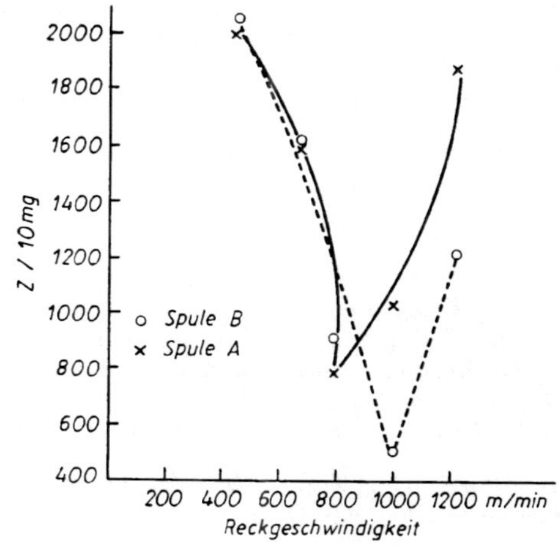

Bild 8. Teilchengehalte in PA-6-Fäden in Abhängigkeit von der Reckgeschwindigkeit (bei konstantem Reckverhältnis)

Tabelle 7. Teilchengehalte gereckter PA-6-Seiden in Abhängigkeit von der Reckgeschwindigkeit

Reckgeschwindigkeit m/min	449	666	791	1000	1222
Spinnseide 1	2000	1580	780	1040	1870
Spinnseide 2	2040	1610	920	490	1220

zahl beim Recken nicht dadurch zustande kommt, daß größere Teilchen in kleinere zerfallen. Vielmehr bestätigt sich die These, daß während des Reckvorganges zusätzliche vernetzte Teilchen über einen Radikalmechanismus entstehen.

2.2.4. *Einfluß der Reckgeschwindigkeit auf den Teilchengehalt in Polyamidseide*

Klimatisierte, ungereckte Polyamidseide wurde auf einer SZ-Maschine 3008 mit verschiedenen Reckgeschwindigkeiten (Einlaufgeschwindigkeiten) auf jeweils das gleiche Reckverhältnis gereckt. Die Reckgeschwindigkeiten variierten zwischen 449 m/min bis 1222 m/min. Es konnte nachgewiesen werden, daß der Teilchengehalt der gereckten Seiden mit steigender Reckgeschwindigkeit durch ein Minimum geht. Zur Bestätigung dieses Befundes wurde der gleiche Versuch an einer zweiten Probe ungereckter Seide wiederholt, wobei prinzipiell der gleiche Verlauf festgestellt wurde (Tabelle 7, Bild 8). Eine plausible Deutung für diese Abhängigkeit können wir z. Z. noch nicht geben.

2.2.5. *Einfluß der Abzugsgeschwindigkeit auf den Teilchengehalt der ungereckten Seide*

Polyamid-6-Granulat wurde auf einem Plamvo-Laborextruder bei konstanter Fördermenge mit Abzugsgeschwindigkeiten von 0, 200, 400, 600 und 800 m/min gesponnen. An den entpräparierten Fäden wurde die Teilchenzahl konduktometrisch bestimmt (vgl. Tabelle 8).

Wie die Ergebnisse zeigen, ist in dem gewählten Geschwindigkeitsbereich kein Einfluß auf die Teilchenzahl der ungereckten Seide festzustellen.

Tabelle 8. Teilchengehalte in PA-6-Spinnseiden, mit unterschiedlichen Geschwindigkeiten aufgespult

Abzugsgeschwindigkeit m/min	0	200	400	600	800
Teilchengehalt (Z/10 mg)	790	640	630	650	600

Die für diese Spinnversuche eingesetzten Granulate haben einen Teilchengehalt von ca. 50/10 mg. Der Anstieg der Teilchenzahl beim Spinnen ist nach unserer Ansicht sehr wahrscheinlich auf die mechanischen Beanspruchungen des schmelzflüssigen Polymeren während des Extrusionsvorganges zurückzuführen.

Unserer Laborantin, Frau *I. Glöckle*, danken wir für die interessierte, fleißige und gewissenhafte Mitarbeit.

Literatur

[1] *Coulter, W. H.*: Verfahren und Vorrichtung zur Zählung und/oder Ermittlung der physikalischen Eigenschaften von in einer Flüssigkeit suspendierten Teilchen. DBP 964810 (1957).
[2] *Philipp, B.*, und *Schleicher, H.*: Zur Prüffiltration und Teilchenzählung an Viskosespinnlösungen. Faserforsch. u. Textiltechnik **15** (1964) 10, S. 451—457.
[3] *Franz, J.*, *Weismann, L.*, und *Schröder, E.*: Zur Gelteilchenbestimmung in PVC-Lösungen. Plaste u. Kautschuk **14** (1967) 4, S. 249—250.
[4] *Philipp, B.*, *Lehmann, R.*, und *Zibell, W.*: Zur Verarbeitbarkeitsprüfung von Acrylnitrilpolymerisaten durch konduktometrische Partikelzählung. Faserforsch. u. Textiltechnik **16** (1965) 12, S. 577—582.
[5] *Reinisch, G.*, *Jakob, W.*, und *Jaeger, W.*: Quantitative Teilchenanalyse in Polycaprolactamlösungen. Faserforsch. u. Textiltechnik **20** (1969) 3, S. 152—154.
Reinisch, G., *Jakob, W.*, und *Jaeger, W.*: Verfahren zur Zählung und Größenbestimmung von Gel- und Agglomeratteilchen in Polyamiden. DLP 73176 (1970).
[6] *Becker, D.*, *Zimmermann, H.*, und *Kolbig, Ch.*: Die Bestimmung von unlöslichen bzw. unschmelzbaren Partikeln in Polyäthylenterephthalat nach dem *Coulter*-Prinzip. Faserforsch. u. Textiltechnik **23** (1972) 11, S. 478—481.
Zimmermann, H., *Becker, D.* und *Kolbig, Ch.*: Verfahren zur Erfassung von Inhomogenitäten in organischen Hochpolymeren. WP 95133 (1973).
[7] *Jakob, W.*: Zur konduktometrischen Impulsteilchenzählung an Polyamiden. Dissertation DAdW Berlin 1970, S. 26.
[8] *Jaeger, W.*, *Jakob, W.*, und *Reinisch, G.*: Gelteilchenbestimmung in Polycaprolactamlösungen. Faserforsch. u. Textiltechnik **21** (1970) 12, S. 529—536.
[9] *Reinisch, G.*, *Jaeger, W.*, *Schneider, M.*, *Zimmermann, H.*, und *Zunft, D.*: Analytik der thermischen und thermooxydativen Schädigung von Polyamiden. Abschlußbericht IPOC 1973.
[10] *Mertel, H.*: „Konduktometrische Teilchenzählung in Polykaprolaktam-Lösungen mittels des Granulometers TuR ZG 2. RGW-Bulletin (im Druck).
[11] *Pass, H.-A.*: Teilchenzählung an PA-6-Materialien mit dem ZG 2. Unveröffentlichter Bericht des Dederon-Betriebslabors des CFK Schwarza 1972.
[12] *Matthies, P.*, *Schlag, J.*, und *Schwartz, E.*: Bildung freier Radikale beim Verstrecken von Polyamiden. Angew. Chemie **77** (1965) 7, S. 323—326.
[13] *Lišnevskij, V. A.*: Untersuchung der Kaltverstreckung von Polymeren nach der PER-Methode. Vysokomol. Soed. (Hochmol. Verbind.) Serija B: Kratkie Soobšč. (Kurzmitt.) **11** (1969) 1, S. 44—49; dt. in: Sowj. Beitr. Faserforsch. Textiltechnik **6** (1969) 5, S. 225—229.
[14] *Miljnčuk, V. K.*, *Ždanov, G. S.*, und *Pšežeckij, S. Ja.*: Bildung freier Radikale in Polymeren unter gleichzeitiger Einwirkung von ionisierender Strahlung und Licht. Vysokomol. Soed. (Hochmol. Verbind.), Serija B: Kratkie Soobšč. (Kurzmitt.) **12** (1970) 9, S. 658—661; dt. in: Sowj. Beitr. Faserforsch. Textiltechnik **8** (1971) 1, S. 13—15.
[15] *Levin, B. Ja.*, *Savickij, A. V.*, *Savostin, A. Ja.*, und *Tomaševskij, E. E.*: Bildung von Makroradikalen beim Dehnen von orientiertem Kapron. Vysokomol. Soed. (Hochmol. Verbind.), Serija A **13** (1971) 4, S. 941 bis 947; dt. in: Sowj. Betr. Faserforsch. Textiltechnik **8** (1971) 9, S. 444—449.
[16] *Sakaguchi, M.*, und *Sohma, J.*: ESR-studies on the free radicals produced by mechanical fracture of solid polypropylene. Vortrag auf dem IUPAC-Symposium 1973 (Aberdeen/Schottland).
[17] Bedienungs- und Montageanweisung für das Granulometer TuR ZG 2, S. 19 bis 22.

Eingegangen am 4. Juli 1974

Faserforschung und Textiltechnik 25 (1974) Heft 11
Zeitschrift für Polymerforschung

Über den Einsatz von Polymeren in der Heterogen- und Homogenkatalyse

Fortschrittsbericht. Teil 2

Wladimir Dawydoff

Akademie der Wissenschaften der DDR, Institut für Polymerenchemie in Teltow-Seehof

DK 678.6/.7(047.1):541.128(047.1):66.001.8:661.183.123:541.135—126:577.15.002.69

Im 2. Teil wird auf die katalytischen Eigenschaften von Ionenaustauscherharzen, löslichen polymeren Lewis-Säuren und anderen Polyelektrolyten eingegangen. Erörtert werden ferner „künstliche Fermente" auf der Basis von synthetischen Polymeren sowie einige ausgewählte Reaktionen an polymeren Matrizen und Ankerstoffen. Die Angaben beziehen sich ebenfalls auf die in den letzten 8 bis 12 Jahren erschienenen Veröffentlichungen.

О применении полимеров в гетерогенном и в гомогенном катализе. Часть 2

Во второй части описываются каталитические свойства ионообменных смол, растворимых полимерных кислот Льюиса и ряда других полиэлектролитов. Обсуждаются также „искусственные ферменты" на основе синтетических полимеров и некоторые избранные реакции на полимерных матрицах и носителях типа резин Меррифильда. Цитируемые работы подобраны из опубликований за последние 8—12 лет.

Application of Polymers in the Homogeneous and Heterogeneous Catalysis. Part 2

The catalytic properties of ion exchange resins, soluble polymer Lewis acids and other polyelectrolytes are described. "Artificial ferments" based on synthetic polymers and selected reactions with polymer matrices and anchoring substances are considered. The references relate to data published during the past 8 to 12 years.

4. *Ionenaustauscherharze als Katalysatoren*

Kationen- und Anionenaustauscherharze erweisen sich bei vielen chemischen Reaktionen als aktiv und ihre Anwendung als Katalysatoren als beachtenswert.

Bei der Herstellung von als Stabilisatoren bzw. Antioxydantien dienenden Alkylphenolen, von Bisphenolen (vor allem Dian), von Estern niederer Carbonsäuren werden Ionenaustauscher bereits im technischen Maßstab eingesetzt. Vielversprechend erweist sich ferner die *Prins*-Reaktion, die u. a. über Dioxanderivate zu Dienen führen kann.

4.1. *Wichtigste Übersichtsartikel*

Poljanskij, N. G., [172]; *Kühne, G.*, [173]; *Urata, J.*, [174]; „Kunstharz-Ionenaustauscher" (1970) [175]; *Ziębórak, K.*, (Polnische Arbeiten) [176].

4.2. *Allgemeine Angaben*

Angesichts der großen Anzahl von Veröffentlichungen werden die theoretischen Beiträge nicht getrennt besprochen, sondern zusammen mit den experimentellen Beiträgen für die jeweilige Anwendungsrichtung erörtert. Einige theoretische Aspekte der Ionenaustauscher-Katalyse, auf die hier nicht näher eingegangen wird, sind in den erwähnten Übersichtsartikeln dargelegt.

4.3. *Alkylierung von Phenolen*

Das Gebiet der katalytischen Alkylierung von Phenolen in Gegenwart von Ionenaustauschern (vorwiegend Kationenaustauscher) wurde in den letzten 10 bis 12 Jahren sehr intensiv bearbeitet. Bei den dort stark vertretenen sowjetischen Arbeiten wurde meistens der Kationenaustauscher KU-2 benutzt. Es handelt sich um sulfonierte vernetzte Divinylbenzol/Styrol-Copolymere, die in einigen Fällen einer Modifizierung unterworfen wurden. So wird z. B. in einem sowjetischen Patent [177] der mit Mercaptanen oder Thiocarbonsäuren modifizierte KU-2 für die Alkylierung von p-Cresol mit Isobutylen zu Ionol empfohlen. In einem anderen Patent [178] wird die Anwendung von PF_3 als Modifikator für den Austauscher vorgeschlagen.

Die Alkylierung von Phenolen unter Anwendung von KU-2 bietet eine Reihe von Vorteilen — hohe Selektivität, leichte Abtrennung des Zielproduktes, gute Ausbeute, Anwendung von milden Temperaturbedingungen. Einige spezielle Fragen — Alkylierungsmechanismus mit höheren Olefinen [179], die Bedeutung des ortho-Effektes [180] und der Einfluß von verschiedenen Arbeitsbedingungen bei Anwendung von KU-2 und anderen Ionenaustauschern [181 bis 184] — wurden vor allen von *Cvetkov* u. Mitarb. untersucht. Als wichtigste Ergebnisse dieser Untersuchungen seien die bevorzugte Bildung von monoalkylierten Phenolen, speziell im Falle des p-Kresols — die Bildung von 2-Alkyl-4-methylphenolen erwähnt.

Zahlreiche Beiträge über die Alkylierung von Phenol, Cresolen, Xylenolen usw. stammen von *Isaguljanc* u. Mitarb. [185 bis 189]. Beachtung verdient die Arbeit über das Verhalten von Salicylsäure bzw. ihrem Methylester [190]. Während bei Anwendung von Schwefelsäure als Katalysator eine Alkylierung beobachtet wird, findet in Gegenwart von KU-2 eine Veresterung bzw. Umesterung statt. In [191] untersuchte dieser Arbeitskreis den Einfluß einzelner Komponenten im technischen KU-2 auf seine katalytischen und betrieblichen Eigenschaften in bezug auf die Alkylierung von Phenolen.

Auf Grund aller dieser Versuche wurde in der UdSSR 1964 erstmalig eine großtechnische Anlage zur Herstellung von Alkylphenolen unter Anwendung von KU-2 als Katalysator errichtet [192], die nach einigen Jahren rekonstruiert wurde, wobei ihre Produktivität auf das 2,5fache gestiegen war [193]. Alkyliert wird vorwiegend Phenol mit Polymerbenzin als Reagens.

Mit der Alkylierung bzw. Dialkylierung von p-Methoxyphenol, Xylenol, Guajakol usw. in Gegenwart von KU-2 beschäftigten sich auch *Starkov* u. Mitarb. [194 bis 197].

Während in den oben geschilderten Beiträgen bei der Alkylierung von Phenolen meistens aliphatische Olefine (oder auch Alkohole) verwendet wurden, wurden in [198 bis 205] Cycloolefine, aromatische Olefine oder Camphen eingesetzt; siehe auch [194]. Hingewiesen sei hier auf die Alkylierung von Phenol mit Cyclopentanol [199]. Dabei wurden alle drei möglichen Isomere erhalten. Beachtung verdienen auch Versuche zur Alkylierung von Phenol, m-Cresol und p-Cresol mit Inden [202, 203, 204].

Über die Alkylierung von Phenolen in Gegenwart von Ionenaustauschern berichten auch polnische Autoren [176, 206].

In [207, 208] werden die unter Anwendung von spektroskopischen, chromatographischen und anderen Methoden durchgeführten Analysen von Alkylierungsprodukten beschrieben.

Die Alkylierung bzw. Entalkylierung von Phenolen wird auch in [175] erörtert (siehe dort die Beiträge von *Fedtke*, von *Prusikova* und *Pospišil* sowie von *Kleintrampel* und *F. Wolf*).

Pospišil u. Mitarb. beschäftigten sich speziell mit der Alkylierung von zweiwertigen Phenolen. Näheres über diese Versuche findet man in ihren Veröffentlichungen in Collect. Czechoslov. Chem. Commun. (ab 1964). Kürzlich wurde von spanischen Autoren [209] die Alkylierung von Aminen in Gegenwart von Anionenaustauschern beschrieben.

4.4. *Veresterung, Umesterung, Polyveresterung*

In [210] wird eine Übersicht über die Anwendung von Ionenaustauschern als Veresterungs- bzw. Umesterungskatalysatoren gegeben.

Die Synthese von Estern aus niederen Alkoholen und niederen Mono- bzw. Dicarbonsäuren in Gegenwart von KU-2 in Dampf- bzw. flüssiger Phase wird in [211 bis 221] beschrieben. Dabei wurde in [211 bis 214] auch der Einfluß verschiedener Faktoren (Vernetzungsgrad von KU-2, seine genaue Zusammensetzung usw.) auf die Veresterungskinetik untersucht. In [219] wurde gezeigt, daß, ausgehend von Dicarbonsäuren (z. B. Adipinsäure), auch ihre Halbester hergestellt werden können. In [222 bis 226] wurden einige spezielle Fälle, darunter die Synthese von Nitrocarbonsäureester [222] beschrieben (hier handelt es sich nicht um eine Veresterung, sondern um die Anlagerung von Nitroäthan bzw. Nitro-2-propan an Methylacrylat), ferner die Veresterung technischer C_5-C_9-Carbonsäuren (aus Paraffinkrackung) mit Pentaerythrit [223], die Synthese höherer phosphor- und schwefelhaltiger Ester [224], die Herstellung von Sorbaten [225] sowie von Propylenglykolstearat [226].

Beachtung verdient auch ein anderer Weg zur Gewinnung von Estern, und zwar die Umesterung. Über die Umesterung von Dimethylmaleinat mit anderen Alkoholen wird in [227] und von Äthylacrylat mit n-Butanol, Isoamylalkohol und Allylalkohol in [228, 229] berichtet. Bei diesen Versuchen diente KU-2 als Katalysator. Dagegen beschreiben *Pereira* u. Mitarb. [230] die Umesterungsreaktionen in Gegenwart eines Anionenaustauschers.

In einigen weiteren Arbeiten wird auf die Polyveresterung in Gegenwart von Ionenaustauschern eingegangen. *Karpov* u. Mitarb. [231] führten die Synthese von Polyestern, ausgehend von Dicarbonsäuren (darunter Terephthalsäure) und Äthylen- bzw. Diäthylenglykol, in Gegenwart von KU-2 durch. Die dabei erhaltenen Polyester wiesen eine rel. Molekülmasse zwischen 1000 und 6000 auf. Über die Synthese und die Bildungskinetik von ungesättigten Polyestern auf der Basis von Maleinsäureanhydrid in Gegenwart eines Kationenaustauschers wird in [232] berichtet. Berichtet wird auch über die Synthese von für die Herstellung von Schaumpolyurethanen bestimmten aliphatischen Polyestern [233].

4.5. *Prins-Reaktion*

H. J. Prins fand 1919, daß Formaldehyd bzw. andere Aldehyde in Gegenwart von sauren Katalysatoren mit Olefinen unter Bildung von Derivaten des 1,3-Dioxans reagieren. Aus diesen Derivaten können verschiedene Produkte, z. B. Diene, erhalten werden, die auch für die Technik von Interesse sein können. Sich danach richtend, führten *Isaguljanc* u. Mitarb. umfangreiche Untersuchungen über die Eignung von Kationenaustauschern als Katalysatoren der *Prins*-Reaktion durch. Dabei wurden sowohl aliphatische als auch arylaliphatische Olefine oder auch Diene als Ausgangsprodukt eingesetzt. Eine Übersicht über die Herstellung einiger ungesättigter Dioxanderivate wird in [234] gegeben.

Die Synthese von aliphatischen substituierten Dioxanen auf der Basis von Formaldehyd und C_4- bzw. C_5-Olefinen werden in [235, 236] geschildert. Die Kondensation verläuft nicht selektiv, jedoch unter vorwiegender Bildung von 4,4-Dimethyl-1,3-dioxan. Bei Anwendung von Butadien, Piperylen oder Chloropren mit Formaldehyd entstehen mehrere Reaktionsprodukte, [237, 238, 239], z. B. im Falle von Chloropren zwei verschiedene Dioxanderivate und 3-Chlorpenten-1-aldehyd. In [238] wurde festgestellt, daß die Umsetzung von Piperylen bei Anwendung von Ionenaustauschern schneller und selektiver verläuft als bei Anwendung von Schwefelsäure. Auch im Falle von Phenylbutadien entstanden verschiedene Dioxanderivate [240].

Als arylaliphatische Olefine wurden Styrol, α-Methylstyrol, trans-β-Chlorstyrol usw. eingesetzt [241 bis 245], wobei in [224] der Reaktionsmechanismus unter Anwendung von mit ^{13}C markiertem Formaldehyd untersucht wurde. Besondere Beachtung galt bei diesen Arbeiten dem α-Methylstyrol. Als Hauptprodukt entsteht 4-Methyl-4-phenyl-1,3-dioxan. Dieses kann als Ausgangsprodukt für die Synthese von Phenopren (1-Phenylbutadien) dienen. In [246] wird eine halbtechnische Anlage zur Herstellung von 4-Methyl-4-phenyldioxan beschrieben. Die Synthese erfolgt in einer Wirbelschicht bei 92 bis 94 °C, wobei eine Desaktivierung von KU-2 (beim Zusetzen geringer H_2S- oder Mercaptan-Mengen) erst nach 1500 bis 2000 h Betriebsdauer auftritt.

Die Spaltung von 4-Methyl-4-phenyldioxan zu Phenopren kann ebenfalls in Gegenwart von Ionenaustauschern oder unter Anwendung anderer Katalysatoren erfolgen [247]; siehe auch [248]. In diesem Zusammenhang sei auch auf [249] hingewiesen. In dieser Arbeit beschreibt man die direkte Herstellung von Isopren aus Isobutylen (ohne Zwischenabtrennung von Dioxan) in Gegenwart eines phorphorsauren Kationenaustauschers. Die Bildung von Isopren gelingt auch durch Spaltung von 4,4-Dimethyldioxan in Gegenwart von KU-2 [250] (vgl. auch [78]). Beschrieben wird ferner die Spaltung von 4,4,5-Trimethyldioxan zu 2,3-Dimethylbutadien und Pinacolin [251].

In [252] wurde die *Prins*-Reaktion auf einige Terpene (α-Pinen, Camphen, Limonen) ausgedehnt. Diese Reaktion verläuft bei Anwendung von KU-2 wesentlich selektiver als bei Anwendung von H_2O_2, H_2SO_4 oder $HClO_4$ als Katalysator.

In [253] wird die Synthese mehrerer Furylderivate des Dioxans in Gegenwart von KU-2 beschrieben.

Eine interessante Anwendungsmöglichkeit von mit Hilfe von KU-2 synthetisiertem Dimethyldioxan [236] besteht in der Synthese des Bisphenols p-$HO-C_6H_4-CH_2-CH_2-C(CH_3)_2-O-C_6H_4OH$ [254]. Hiermit öffnet sich ein Weg zur allgemeinen Synthese von Bisphenolen. Im Falle von Dimethyldioxan kann dieses in Gegenwart von KU-2 in das Dimethylvinylcarbinol überführt werden, das (ebenfalls in Gegenwart von KU-2) mit Phenol das obige Bisphenol liefert. Es handelt sich hier um eine Alkylenierung von Phenolen. Die erste Synthese in dieser Richtung wurde bereits 1961 beschrieben [255], indem man eine Kondensation von Acetylen mit Phenol in Gegenwart von mit Hg-Salzen getränkten KU-2 durchführte. Erhalten wurde (mit guter Ausbeute) 4,4-Dioxydiphenyläthan.

Ein anderer Weg zu Bisphenolen führt aber über die Kondensation von Aldehyden bzw. Ketonen mit Phenolen [256, 257, 258]. So liefert die Kondensation von Phenol mit Propionaldehyd 1,1-Bis(p-oxyphenyl)-propan.

In der UdSSR soll die Synthese von Dian aus Phenol und Aceton unter Anwendung von Ionenaustauscher (vom KU-Typ) bereits im technischen Maßstab erfolgen. Das Schema dieser Anlage wurde anläßlich der Tage der sowjetischen Wissenschaft und Technik in der DDR in der Werner-Seelenbinder-Halle gezeigt (Exponat 8/243).

4.6. Kondensationsreaktionen vom Typ der Cannizaroschen Reaktion, Aldolkondensation usw.

In [259] wird die Synthese von Neopentylglykol aus Isobutylaldehyd und Formaldehyd in Gegenwart eines Anionenaustauschers geschildert. Die gleichen Autoren beschreiben auch die Synthese von Trimethylolpropan bzw. 2,2-Dimethyl-1,3-propandiol, ausgehend von Butyl- bzw. Isobutylaldehyd [260, 261]. Diese Reaktionen verlaufen nach einem *Cannizzaro*-Mechanismus. In [262] wird die Synthese von disubstituierten Acroleinen über die ebenfalls in Gegenwart eines Anionenaustauschers stattfindenden Kondensation von Aldehyden (und nachfolgende Dehydratation) beschrieben.

Der Mechanismus der Aldolkondensation in Gegenwart von Ionenaustauschern wird in [263] erörtert, während in [264] auf konkrete Anwendungsfälle bzw. -möglichkeiten eingegangen wird.

Im Rahmen dieses Abschnittes seien noch zwei Beiträge erwähnt, in denen es sich um die Anlagerung von Acetylen an Ketone handelt (vgl. [225]). In einem BRD-Patent [265] wird die Synthese von Acetylenalkoholen, z. B. 3-Methylbutin-1-ol-3, in Gegenwart von mit quaternären Ammoniumsalzen behandeltem Ionenaustauscher vorgeschlagen. Die Äthylinierung von Ketonen wird auch in [266] beschrieben.

4.7. Synthesen von stickstoffhaltigen cyclischen bzw. nichtcyclischen Verbindungen

4.7.1. Imidazolderivate, Benzoxazole usw.

Die Anwendung von Ionenaustauschern als Katalysatoren eignet sich auch für die Herstellung von Derivaten des Imidazols, Kondensationsprodukten von Formaldehyd und Harnstoff usw.

Die Synthese von Imidazolen erfolgt mit guter Ausbeute, ausgehend von aliphatischen oder aromatischen Diaminen (z. B. Äthylendiamin, o-Phenylendiamin) und aromatischen, aliphatischen oder heterocyclischen Carbonsäuren in Gegenwart von KU-2 [267, 268, 269].

Substituierte Benzoxazole werden durch Kondensation von o-Aminophenolen mit Monocarbonsäuren in Gegenwart von KU-2 hergestellt [270]. In [271] wird auf die Polykondensation von Formaldehyd mit Harnstoff kurz eingegangen. In einem USA-Patent [272] beschreibt man die Cyclisierung von ungesättigten Nitrilen in Gegenwart von Ionenaustauschern. So gelingt die Herstellung von 5-Cyanopiperidon-2 (eines Ausgangsproduktes für Polyamide) aus 2-Methylenglutarsäurenitril.

4.7.2. Cyanäthylierung

Einem speziellen Fall der *Michael*-Reaktion mit Acrylnitril als Elektronen-Donator und mit Kationenaustauscher als Katalysator entsprechen die in [273 bis 277] geschilderten Synthesen. So wird in [273] die Anlagerung von Acrylnitril an 2-Alkyl(aryl)-imidazolinen (die auch nach dem in 4.7.1 beschriebenen Verfahren hergestellt werden können) erörtert. In [274] handelt es sich um die Cyanäthylierung von primären aliphatischen oder aromatischen Alkoholen und in [275] um die Cyanäthylierung von Nitroparaffinen. In [276] geht es um die Cyanäthylierung von Cyclohexen-1-ol-3. In [277] erfolgte die Cyanäthylierung von Mono- und Disacchariden. Bei allen diesen Versuchen wurden Anionenaustauscher als Katalysatoren verwendet; s. auch [278, 279].

In [280] wird die Anlagerung von CH_3OH an 2-Alkoxymethylen-3-alkoxypropionitril ebenfalls in Gegenwart eines Anionenaustauschers beschrieben.

4.8. Hydrolyse, Dehydratation, Hydratation

Eine große Anzahl der Arbeiten auf dem Gebiet der Anwendung von Ionenaustauschern als Katalysatoren ist den Hydrolyse-, den Dehydratations- und den Hydratationsvorgängen gewidmet. Neben ihrer theoretischen Bedeutung sind diese Prozesse auch für die Praxis, insbesondere für die Petrolchemie, von großem Interesse und werden in einigen Fällen auch im technischen Maßstab angewandt.

4.8.1. Hydrolyse

Eine Übersicht über die esterolytische bzw. hydrolysierende Wirksamkeit von Ionenaustauscherharzen (Stand von 1967) wird in [175] gegeben. In diesem Abschnitt wird kurz auf einige, in den letzten Jahren in Japan, in der UdSSR, in der DDR und in der ČSSR erschienene Veröffentlichungen eingegangen. Vorerst sollen die von *Frejdlin* u. Mitarb. 1964 bis 1965 veröffentlichten Arbeiten über die Hydrolyse von aliphatischen Dicarbonsäureestern erwähnt werden [281 bis 284]. Diese Arbeiten bezweckten die Herstellung von Halbestern durch partielle Hydrolyse von Dimethylestern. Dabei wurde die Eignung verschiedener Ionenaustauscher, vor allem KU-2, geprüft und die Hydrolysekinetik in Abhängigkeit von den Hydrolysebedingungen untersucht.

Einige japanische Autoren untersuchten die Hydrolyse bzw. Alkoholyse verschiedener Ester (Acetate usw.), wobei u. a. den Fragen der Diffusion bzw. Adsorption sowie des Einflusses des Säuregehaltes im Ionenaustauscher auf ihre katalytische Aktivität und auf die Hydrolysekinetik große Beachtung geschenkt wurde [285 bis 288].

Die Hydrolyse von Methylformiat bzw. -acetat in Gegenwart von KU-2 unter verschiedenen Arbeitsbedingungen wird auch in sowjetischen Veröffentlichungen erörtert [289, 290].

Jiraček u. Mitarb. untersuchten die Rolle der Stoffübertragung bei der Hydrolyse von Acetaten in bezug auf die Selektivität dieser Vorgänge [291].

Runge u. Mitarb. [292] fanden, daß auch Kationenaustauscher auf der Basis von Styrol/Trimethoxysilan-Copolymeren (mit Chlorsulfonsäure vorbehandelt) katalytische Wirksamkeit bei der Verseifung von Äthyl- bzw. Amylacetat aufweisen.

4.8.2. Dehydratation

Die Dehydratation von Alkoholen in Gegenwart von Ionenaustauschern kann sowohl zur Bildung von ungesättigten Kohlenwasserstoffen als auch Äthern führen. Beide Varianten wurden von mehreren Autoren untersucht.

Über die Dehydratation von Alkoholen zu Olefinen wird am Beispiel von Isopropanol [293], tert. Butanol [294, 295, 296], tert. Amylalkohol [297] und Cyclohexanol [298] berichtet. In [296] diente als Katalysator ein sulfonierter Polyvinylalkohol sowie ein modifizierter KU-Ionenaustauscher. Es hat sich gezeigt, daß die Aktivität des erstgenannten Ionenaustauschers nur gering ist.

Als ein weiterer Sonderfall ist die Untersuchung der katalytischen Dehydratation von Isopropanol in Gegenwart eines Kationenaustauschers mit Halbleiter-Eigenschaften [299] zu nennen. Auf solche Ionenaustauscher wird in 4.11. noch näher eingegangen. Der in [299] angewandte Katalysator auf der Basis eines sulfonierten Polynaphthylens ist noch bei 250 °C einsetzbar.

Die Dehydratation von Terpinhydrat zu Terpineol wird in [300] geschildert.

Die Synthese von Äthern aus $C_5—C_{10}$-Alkoholen in Gegenwart von KU-2 bei 140 bis 150 °C beschreiben die Autoren in [301, 302]; dabei bilden sich teilweise auch die entsprechenden Olefine.

4.8.3. Hydratation

Besondere Beachtung wurde der Anwendung von Kationenaustauscher bei der Behandlung von Erdölfraktionen sowie bei der Synthese von Isopropanol (bzw. anderen Alkoholen) aus entsprechenden Olefinen geschenkt. So wird in [303] eine technische Anlage zur direkten Isopropanol-Synthese aus Propylen in Gegenwart eines Kationenaustauschers beschrieben.

Poljanskij u. Mitarb. [304 bis 309] beschäftigten sich mit der Extraktion von Isobutylen aus der technischen Butan/Butylen-Fraktion und von Isoamylenen aus der Pentan/Penten-Fraktion durch ihre Hydratation unter Einwirkung von Kationenaustauscher. Dabei untersuchten sie die Fragen der Effektivität und der Selektivität des Verfahrens, des Einflusses verschiedener Faktoren, darunter des Zustandes des Ionenaustauschers. Hydratation von $C_5—C_6$-Olefinen (in Isopropanol als Lösungsmittel) wurde auch von anderen Autoren untersucht [310].

Über die Hydratation von Dienen (Isopren, Piperylen) wird in [311, 312] berichtet. Beobachtet wurde u. a. die Bildung von α- und γ-Terpinen, Dipenten und noch anderen Produkten [312].

4.9. Oligomerisation, Polymerisation

Oligomerisation von aus den Krackfraktionen durch Hydratation als Alkohole isolierten und nachfolgend durch Dehydratation zurückgewonnenen C_4- bzw. C_5-Olefinen liefert wertvolle Produkte, die als Zusatzstoffe oder Zwischenprodukte für verschiedene Zwecke eingesetzt werden können. Unter diesem Aspekt wurden von *Poljanskij* u. Mitarb. Untersuchungen über die Oligomerisation von Amylen in Gegenwart von Ionenaustauschern durchgeführt [307, 309, 313 bis 316]. Versuche zur Polymerisation von Isopren bzw. Piperylen [311] lieferten ebenfalls nur oligomere Produkte. Zu erwähnen sei hier auch die Dimerisierung von Diketen in Gegenwart eines Anionenaustauschers [317]. Auch bei der Polymerisation von p-Alkylstyrolen in Ggw. von KU-2 erhielt man vorwiegend nur Dimere [318].

Neben der Oligomerisierung von Olefinen wurde auch eine Methode zur stereospezifischen Polymerisation von α-Olefinen in Gegenwart eines Ionenaustauscher-Al/Ti-Komplex-Systems entwickelt [319]. Über die Polymerisation von Acrylamid bzw. MMA in Gegenwart von Anionenaustauschern wird in [319, 320] berichtet.

Für Polyveresterung s. 4.4. [231, 232, 233].

4.10. Verschiedene Reaktionen

Die Anwendung von Ionenaustauschern für die Epoxydierungsreaktion wird in [176] erwähnt. In [321] wurde die Nitrierung von Toluol mit 90%iger Salpetersäure beschrieben, während in [322] die Überführung von 1-Nitrohexadecanon in die Pentadecansäure geschildert wird.

In [323] wurde die Synthese von Percarbonsäuren aus Carbonsäuren und H_2O_2 und in [324] die Spaltung von p-Diisopropylbenzolhydroperoxid in Gegenwart von Kationenaustauschern durchgeführt.

Über die katalytische Zersetzung von Ameisensäure wird in [325] und über die Isomerisierung von n-Butenen und niederen Propylen-Oligomeren in [326] berichtet. Schließlich wurde in [327] eine Methode zur Hydrierung von ungesättigten Kohlenwasserstoffen mit Hilfe von auf einen Ionenaustauscher aufgebrachten nullwertigen Metallverbindungen vorgeschlagen.

4.11. Neue thermisch hochbeständige, eine Konjugationssystem aufweisende Ionenaustauscher

Paušhin u. Mitarb. [78] haben in den letzten Jahren einige neue, thermisch beständige und katalytisch aktive Kationenaustauscher mit einem Konjugationssystem entwickelt. Diese Kationenaustauscher auf der Basis von sulfonierten Polyvinylenen oder aromatischen Verbindungen, z. B. auf der Basis von sulfoniertem Polyoxyphenylen, erweisen sich bei Veresterungsvorgängen, Dehydrierung [299] usw. als aktiv und sind im Gegensatz zu den üblichen Kationenaustauschern bei wesentlich höheren Temperaturen (bis zu 250 °C) einsetzbar.

5. Lösliche polymere Lewis-Säuren als Analoga von Ionenaustauschern sowie andere Polyelektrolyte

Polymere Sulfonsäuren, insbesondere Polystyrolsulfonsäuren, stellen hochaktive Katalysatoren bei der Hydrolyse von verschiedenartigen nieder- bzw. hochmolekularen Estern dar.

Polyimine wirken ebenfalls als Katalysatoren bei der Hydrolyse von Estern oder als Initiatoren verschiedener Polymerisationsvorgänge.

5.1. Übersichtsartikel

Morawetz, H.: Catalysis and Inhibition in Solutions of Synthetic polymers and in Micellar Solution [328].

5.2. Allgemeine Angaben

In diesem Kapitel wird nur eine begrenzte Anzahl der Arbeiten über die katalytischen Vorgänge in Polyelektrolytlösungen unter Anwendung von stark sauren bzw. stark basischen Polymeren als Katalysatoren erörtert. Erfaßt werden solche Beiträge, die sich mit der Wirkung einiger löslicher Analogen von Kationen- oder Anionenaustauschern befassen, in erster Linie polymere Sulfonsäuren, dann auch Polyimine. Im Gegensatz zu den Ionenaustauschern handelt es sich hier um die Katalyse in homogener (flüssiger) Phase.

Nicht miterfaßt werden in diesem Kapitel Beiträge über die Polymerisation von 4-Vinylpyridin unter der katalytischen Wirkung von polymeren Sulfonsäuren bzw. über die katalytische Wirkung von Poly-4-vinylpyridin selbst. Zweckmäßigkeitshalber werden solche Beiträge im Kapitel 6 gesondert besprochen.

Hinsichtlich der Bedeutung von Polyelektrolyten in der Polymerenchemie sowie in bezug auf ihre speziellen Eigenschaften, insbesondere von mit der Komplexbildung zusammenhängenden Fragen, wird auf die in [329, 330] erschienenen Beiträge hingewiesen.

5.3. Polymere Sulfonsäuren

Morawetz u. Mitarb. untersuchten die katalytische Wirkung von Polyvinylsulfonsäuren bzw. ihren Derivaten an Beispielen der Wechselwirkung von $Co(NH_3)_5Cl$- bzw. $Co(NH_3)_5Br$-Ionen mit Hg(II)-Ionen [331], des Elektronenaustausches zwischen Co(III)-Komplexen und Fe(II)-Ionen [332] sowie der Wechselwirkungen zwischen Uranyl- bzw. Chininiumionen mit Fe^{++}, Ag^{+} und Br^{-} [333, 334]. Dabei wurde bei verschiedenen Konzentrationen und pH-Werten gearbeitet und eine erhebliche Beschleunigung der genannten Redoxreaktionen im elektrischen Feld der Polyanione festgestellt (inhomogene Aktivität der Kationen im homogenen System).

Sakurada u. Mitarb. führten umfangreiche systematische Untersuchungen über die Hydrolyse von Estern unter Anwendung verschiedenartiger polymerer Sulfonsäuren durch [335 bis 354]. Untersucht wurde der Einfluß der Struktur von Katalysator und Substrat sowie der Einfluß von Hydrolysebedingungen auf die katalytische Aktivität und die Kinetik der Hydrolyse.

Als Katalysatoren dienten sulfonierte Polystyrole, sulfonierte Polyacetale, Polyvinylsulfonsäure, ihre Copolymeren mit Styrol oder Vinylalkohol usw., als Substrate verschiedene Acetate, andere niedermolekulare Ester oder Diester aliphatischer bzw. aromatischer Carbonsäuren (darunter von Benzoe- und Anthranylsäure), Ester der Aminosäuren, ferner verschiedene polymere Verbindungen, insbesondere partiell acetylierter Polyvinylalkohol. Einige bei diesen Untersuchungen erzielte Erkenntnisse können folgendermaßen kurz zusammengefaßt werden: Als besonders hochwirksam erwies sich stets das sulfonierte Polystyrol (dessen Aktivität seinerseits vom DP, Sulfonierungsgrad sowie der Verteilung der SO_3H-Gruppen abhängig war). Die Aktivität von Polystyrolsulfonsäuren übertrifft die von verdünnter Salzsäure gleicher H-Konzentration. Partielle Neutralisation von SO_3H-Gruppen mit quaternären NH_4-Basen bewirkt eine Abschwächung der katalytischen Aktivität. Auch das sulfonierte Polybutyracetal erwies sich bei einigen Versuchen als hochaktiv.

Mit verdünnter Salzsäure in bezug auf ihre katalytische Wirkung vergleichbar sind Polyvinylsulfonsäure, sulfoniertes Polyvinylacetal, Copolymere der Vinylsulfonsäure.

Beachtung verdient ferner die Feststellung, daß auch die Stereospezifität bzw. die Konfiguration der Makromoleküle für die Katalyse von Bedeutung ist. Die Hydrolysekinetik von partiell acetyliertem Polyvinylalkohol ist z. B. von der Konfiguration, dem Acetylierungsgrad, von der Verteilung der Acetylgruppen und auch vom DP stark abhängig. Beim Zusetzen von Alkoholen, Polyvinylalkohol, Polyvinylpyrrolidin oder Polyäthylenglykolester nimmt die Geschwindigkeit der durch Einwirkung von Polystyrolsulfonsäure ausgelösten Hydrolyse von nieder- oder hochmolekularen Estern zu. In diesem Zusammenhang sei auch eine andere Arbeit dieser Autoren [335] erwähnt, bei der festgestellt werden konnte, daß die radikalische Polymerisation von Vinylpolymeren (MA, MMA, Vinylacetat, Acrylsäure, Methacrylsäure) durch das Zusetzen von Polymeren (Polyvinylacetat, Polyvinylbenzoat usw.) vor allem in bezug auf die Stereoregularität des Zielproduktes stark beeinflußt werden kann.

In [356, 357] untersuchten die Autoren die autokatalytische Wirkung bei sulfonierten Polymeren. Es hat sich nämlich erwiesen, daß die Acetalisierung der freien Hydroxylgruppen eines bereits mit β-Butyraldehyd-, Benzaldehyd- oder Zimtaldehydsulfonsäure partiell acetalisierten Polyvinylalkohols durch die vorher eingeführten SO_3H-Gruppen katalysiert wird. Der gleiche Effekt wurde auch bei der Acetalisierung von Copolymeren der Vinylsulfonsäure mit Vinylacetat beobachtet (die Acetatgruppen wurden vor der Acetalisierung hydrolysiert).

In [358] wird die Acetalisierung von freiem Polyvinylalkohol mit Acet- bzw. n-Butylaldehyd in Gegenwart von Polystyrolsulfonsäure beschrieben. Die katalytische Wirkung war auch hier stärker ausgeprägt als bei Anwendung von verdünnter Salzsäure.

Die oben beschriebenen Hydrolyse- bzw. Acetalisierungsversuche erfolgten meist in wäßriger Lösung oder in einem Wasser/Alkohol- bzw. Wasser/Aceton-Gemisch bei mäßigen Temperaturen.

Yoshikawa u. Mitarb. untersuchten ebenfalls die katalytische Wirkung von polymeren Sulfonsäuren (Polystyrol-, Polyvinylsulfonsäure usw.) und die Spezifik dieser Wirkung am Beispiel der Hydrolyse von Buttersäure-, Capronsäure- und Phenylessigsäureäthylester [359] bzw. β-Alaninmethylester [360]. Weitere Untersuchungen über die Hydrolysekinetik von Acetaten in Gegenwart einer hochmolekularen Polystyrolsulfonsäure stammen von *Kargin* u. Mitarb. [361, 362], die u. a. feststellten, daß die polymere Säure in wäßrigem Medium wesentlich aktiver als die monomere Styrolsulfonsäure ist. Diese Autoren befaßten sich auch mit den Zusammenhängen zwischen der Konformation von Makromolekülen (Wahl des Lösungsmittels) und der katalytischen Aktivität. *Bruns* u. Mitarb. beschäftigten sich mit der Dehydratation von Tetracyclin in sulfoniertem Polystyrol und zum Vergleich in verdünnter Schwefelsäure [369].

Beachtung verdient die Arbeit von *Kapura* und *Gates* [364] über die Anwendung von sulfonierten Styrol/Divinylbenzol- bzw. Vinyläther/Fluorolefin-Copolymeren, sulfoniertem Poly-2,6-dimethyl-1,4-phenylenoxid und sulfoniertem Polyphenylen für die Alkylierung von Benzol mit Propylen in flüssiger Phase. Besonders aktiv und zugleich beständig war ein Copolymeres auf der Basis von Vinyläther und Tetrafluoräthylen mit sulfonierten CF_2—CF_2-Gruppen. In dieser Arbeit wurden auch die bei der Anwendung solcher Katalysatoren auftretenden Vorteile (in technischer Sicht) besprochen.

Anschließend sei ein Beitrag von *Okubo* u. Mitarb. erwähnt [365], und zwar über die katalytische Wirkung von Polyelektrolyten, darunter Na-Polyäthylensulfonat, Na-Polystyrolsulfonat oder Diäthyldiallylammonium/SO_2-Copolymer in bezug auf die Reduktion von Triphenylmethanfarbstoffen in alkalischen Medien.

5.4. *Polyimine und einige andere Polyelektrolyte*

Die Herstellungsmethoden und die wichtigsten Eigenschaften von Polyäthylenimin (PÄI) werden in einer von *Kargin* u. Mitarb. verfaßten Monographie [336] beschrieben. In dieser Monographie werden aber die katalytischen Eigenschaften von PÄI nur flüchtig erwähnt.

In den letzten Jahren fanden Polyimine auch als Katalysatoren eine größere Beachtung. *Bamford* u. Mitarb. [367] untersuchten z. B. die Photopolymerisation von Acrylsäure in Gegenwart von PÄI. *Kabanov* u. Mitarb. haben im Rahmen ihrer Arbeiten über die synthetischen Fermentmodelle auch die Zerlegung von H_2O_2 bzw. von Äthylhydroperoxid sowie die Hydrolyse von Estern der p-Nitrophenylessigsäure unter Anwendung von Fe^{+++}-Komplexen des PÄI (bzw. PÄI-Derivaten) als Katalysator untersucht [368, 369, 370]. *Iline* u. a. [371] befaßten sich mit der Entdeuterierungskinetik von deuteriertem Isobutyraldehyd in Gegenwart von PÄI oder seinen Derivaten.

Über die Hydrolyse verschiedener Ester unter Einwirkung vom System Polyoxyäthylenthiol/Polyacrylsäure wird in [372] berichtet. Auf die Hydrolyse von Phenylestergruppen in Seitenketten eines Acrylamid-Copolymeren in Gegenwart eines anderen, Pyridingruppen enthaltenden Acrylamid-Copolymers wird in [373] eingegangen. In [374] wurde die Hydrolyse von Stärke in Gegenwart eines Acrylamid/Acrylsäure-Copolymers untersucht.

Zu erwähnen sind auch die Beiträge von *Askarov* u. Mitarb. [375, 376] über die Initiierung der Polymerisation von Vinylpolymeren unter Einwirkung von Ammoniumsalzen chlormethylierter Styrol/Divinylbenzol-Copolymerer (wobei aber die Polymerisationsreaktion vielmehr in heterogener als in homogener Phase erfolgte).

6. *Künstliche Fermente und Reaktionen an Matrizen und Ankerstoffen*

Polyvinylimidazole und ihre Derivate, Poly-4-vinylpyridin und seine Derivate weisen eine hohe esterolytische Aktivität auf, die in manchen Fällen mit der esterolytischen Aktivität von natürlichen Fermenten vergleichbar ist. Als hochaktiv erweisen sich auch Cu(II)-Poly-4-vinylpyridin-Komplexe, die auch als milde Oxydationsmittel benutzt wurden.

6.1. *Übersichtsartikel*

Kabanov, V. A. [330, 378],
Overberger, C. G., und *Salamone, J. C.* [377],
Kabanov, V. A. [378],
Dobry-Duclaux, A., und *Perichon, P.* [379],
Braunštejn, A. E., und *Karpejskij, M. Ja.* [380].

6.2. *Allgemeines*

Die auf dem Gebiet der Hochpolymeren erzielten Fortschritte öffneten neue Wege auch auf dem Gebiet der „molekularen Bionik". So gelingt es heute, einige wichtige, früher nur für Biopolymere spezifische Eigenschaften auch den keine Peptidkette enthaltenden Polymeren zu verleihen. Es handelt sich also um solche polymeren Katalysatoren, deren Wirkung auf dem gleichen Prinzip wie bei Fermenten beruht und deren Aktivität sowie Selektivität den natürlichen Fermenten nahe kommen. Es wurden z. B. hochwirksame Katalysatoren hergestellt, deren esterolytische Wirkung stark der Wirkung von α-Chymotrypsin ähnelt.

Die hohe katalytische Aktivität und Selektivität von künstlichen Fermenten hängen mit der intermediären Bildung von Polymer/Substrat-Komplexen zusammen. Zusätzliche Möglichkeiten bestehen dann, wenn in einem „aktiven Zentrum" des Makromoleküls mehrere funktionelle Gruppen vorliegen, die fähig sind, sich gegenseitig bzw. das Substrat zu aktivieren. Man spricht in solchen Fällen von einem „Kooperationseffekt". Als Beispiel sei die Hydrolyse in Gegenwart eines 4(5)-Vinylimidazol/p-Vinylphenol-Copolymeren angeführt. In diesem Falle steht das Substrat in Wechselwirkung sowohl mit der Imidazol- als auch der phenolischen OH-Gruppe, wodurch die sonstige Hydrolysegeschwindigkeit stark erhöht wird. Solche und noch weitere Probleme (stereospezifische Effekte, allosterische Effekte usw.) werden heute am Beispiel verschiedener synthetischer Polymerer vielseitig untersucht.

Angesichts der in den letzten Jahren stark zunehmenden Anzahl der Veröffentlichungen auf diesem Gebiet werden nachfolgend nur einige neue Beiträge besprochen, die besonders wichtige Aspekte berühren und gleichzeitig eine gewisse Vorstellung vom Umfang der Problematik von Fermentmodellen liefern sollen. In diesen Beiträgen handelt es sich im wesentlichen um den Einfluß verschiedener Faktoren auf die Aktivität und Selektivität der Vorgänge, um die Widerspiegelung des Kooperationseffektes auf die Kinetik und um einige Fragen des Wirkungsmechanismus.

6.3. *Polyvinylimidazole*

Polyvinylimidazole als Enzymmodelle werden vor allem von amerikanischen und japanischen Forschergruppen bearbeitet.

Eine Übersicht über die esterolytische Wirkung von Imidazolringe enthaltenden Polymeren bzw. Copolymeren wird in [381] gegeben.

Zahlreiche Beiträge stammen von *Overberger* u. Mitarb. Hier seien einige wichtige Arbeiten über:

a) Untersuchung der katalytischen Wirkung von homopolymeren Poly-4(5)-vinylimidazol (bzw. auch Poly-5(6)-vinylbenzimidazol) [382 bis 391];
b) Untersuchung der katalytischen Wirkung von Copolymeren des 4(5)-Vinylimidazols mit einigen Säuren (Acrylsäure, Vinylsulfonsäure), p-Vinylphenol, Vinylalkohol [392 bis 396].

Kurz erörtert:

Zu a). Untersucht wurde die katalytische Aktivität gegenüber den Estern verschiedener Struktur (p-Nitrophenylacetat, 3-Nitro-4-acetoxybenzoesäure, 3-Acetoxy-N-trimethylaniliniumjodid, Na-3-nitro-4-acetoxybenzolsulfonat usw.) und die Abhängigkeit der Hydrolysekinetik von der Acidität bzw. Basizität des Substrates. Untersucht wurde ferner der Einfluß des Lösungsmittels. Da es sich dabei hauptsächlich um Wasser/Äthanol-Gemische handelte, wurde die Rolle des W.-Alk.-Verhältnisses mitberücksichtigt. Dies ist um so mehr deshalb von Bedeutung, als die Konformation der Makromoleküle nicht nur von dem pH-Wert, sondern auch von dem obigen Verhältnis abhängt und somit sowohl die Aktivität als auch die Selektivität unterschiedlich zum Ausdruck kommen kann. Beachtung verdient die Feststellung der bremsenden Wirkung von bei der Acylgruppen-Hydrolyse (z. B. bei 3-Nitro-4-acyl-oxybenzolsäure) teilweise entstehenden N-acylierten Poly-4(5)-vinylimidazol [391].

Zu b). Bei Anwendung von Copolymeren des 4(5)-Vinylimidazols mit Acrylsäure, Vinylsulfonsäure oder γ-4(5)-Imidazolbuttersäure treten Kooperationseffekte in Erscheinung, so daß Copolymere eine wesentlich höhere Aktivität als das Homopolymere aufweisen. Beachtenswert tritt der Kooperationseffekt bei Anwendung von Vinylsulfonsäure als Comonomer stärker in Erscheinung als bei Anwendung von Acrylsäure.

Eine sehr hohe katalytische Aktivität zeigen die Copolymeren von 4(5)-Vinylimidazol mit p-Vinylphenol. Auch das Copolymere auf der Basis von 1-Vinyl-3-methylimidazoliumjodid und p-Vinylphenol erweist sich (vor allem im Falle von negativ geladenen Estern) als hochwirksam. Sie übertreffen in dieser Hinsicht die unter Anwendung von Vinylalkohol als Comonomer hergestellten Copolymeren wesentlich.

Ferner sei auf die Beiträge von *Letsinger* u. Mitarb. [307] (s. auch [431, 432, 433]) (Solvolyse von Acrylsäure/2,4-Dinitrophenyl-p-vinylbenzoat-Copolymeren unter Einwirkung von protoniertem Poly-N-vinylimidazol), von *Gregor* u. Mitarb. [398] sowie von *Morawetz* u. a. [399, 400] (s. auch [396]) hingewiesen.

In [399] befaßten sich *Morawetz, Overberger* u. a. am Beispiel der Hydrolyse von anionischen Estern (Na-4-acetoxy-3-nitrobenzolsulfonat (vgl. [385, 386, 387]) in Gegenwart von Polyvinylimidazoliumjodid, mit Beeinflussung der Hydrolysekinetik durch stark auftretende Ionisierung des Polykations.

In [400] untersuchten die Autoren die Hydrolyse von Copolymeren auf der Basis von Acrylamid (I) bzw. Dimethylacrylamid (II) und p-Nitrophenylacrylat (III) bzw. p-Nitrophenyl-N-acrylyl-6-aminocaproat (IV). Als Katalysatoren dienten Copolymere des 4(5)-Vinylimidazols (V) bzw. N-Acrylylhistamidins (VI) mit I bzw. II. Es wurde gefunden, daß die V-Copolymere keine katalytische Wirkung gegenüber dem I-III-Copolymer (aus sterischen Gründen) aufweisen, während das I-IV-Copolymer nur im Methanol, nicht aber im Wasser hydrolysiert wird. Dagegen wird dieses Copolymere in Gegenwart von VI-I-Copolymer auch im Wasser hydrolysiert.

Als Beiträge japanischer Forschergruppen seien folgende genannt:

Kunitake u. Mitarb. untersuchten die esterolytische Aktivität von Copolymeren des 1-Vinyl-2-methylimidazols [101 bis 104], des N-(5-Benzimidazolyl)- und des N-(5-Benzimidazolylbenzyl)-acrylamids [405, 406]. Als Comonomeres diente vor allem N-Vinylpyrrolidon, als Substrate verschiedene aromatische Ester. Eingegangen wurde vor allem auf die Kooperationseffekte und daraus folgenden Abweichungen der Hydrolysekinetik von der nach dem *Michaelis/Menten*-Mechanismus zu erwartenden (unter Berücksichtigung der Wahl des Mediums und anderen Faktoren).

Im Zusammenhang mit der Katalyse an Polyvinylimidazolen sei auch auf die Esterolyse unter Einwirkung von Polytriazolen kurz eingegangen.

Overberger u. Mitarb. beschreiben die Hydrolyse von p-Nitrophenylacetat in Gegenwart von Poly-3-vinyl-1,2,4-triazol [407]. Hinzuzufügen wäre noch eine Arbeit von *Arcus* u. Mitarb. über die Esterolyse in Gegenwart von Polyvinylbenzyltriäthylammoniumhydroxid (unter Zusetzen von NaOH) [408].

6.4. *Synthese und katalytische Eigenschaften von Poly-4-vinylpyridin*

Übersichten. [330, 378, 409]. Herstellung von Poly-4-vinylpyridin durch Polymerisation von 4-Vinylpyridiniumsalzen.

Die wichtigsten Beiträge auf diesem Gebiet stammen von zwei Arbeitskreisen, einmal von *Kabanov* u. Mitarb., und zum anderen von *Salamone* u. Mitarb. Die aus 4-Vinylpyridiniumsalzen hergestellten Polymerisate weisen hohe katalytische Aktivität in bezug auf die Hydrolyse von Estern und auf einige andere Vorgänge auf.

Die Synthese von Poly-4-vinylpyridin aus 4-Vinylpyridin nach einem radikalischen (bzw. ionischen) Mechanismus wurden schon in den 50er Jahren durchgeführt. Bekannt ist auch (s. 6.4) die katalytische Wirkung von nach diesen Verfahren hergestelltem Poly-4-vinylpyridin.

Im Jahre 1965 stellten *Kargin, Kabanov* u. Mitarb. fest [410], daß beim Zusammenbringen von 4-Vinylpyridin mit Halogenalkylen (z. B. C_2H_5-Br) in organischen Lösungsmitteln nicht das entsprechende monomere Vinylpyridiniumsalz entsteht, sondern es zu einer spontanen Polymerisation kommt. So wird beim Zusetzen von Äthylbromid Poly-4-vinylpyridiniumäthylbromid erhalten. Es konnte gezeigt werden, daß diese Polymerisation weder nach einem radikalischen noch nach einem kationischen Mechanismus verläuft. Die Autoren schlugen einen Mechanismus vor, der eine Verschiebung von π-Elektronen der Vinylgruppe zum Pyridinring unter Bildung eines ionischen Dipols einschließt. Die erste Stufe des Polymerisationsvorganges entspreche einer Mentschutkin-Reaktion und bestehe in der Bildung von Zwitterionen $CH_2{=}CH{-}C_5H_4N^{+}{-}R{-}X^{-}$.

In späteren Veröffentlichungen dieses Arbeitskreises [411 bis 417] wurde versucht, die in [410] dargelegten Vorstellungen weiter zu entwickeln bzw. zu bekräftigen. Im Rahmen dieser Arbeiten wurden der Polymerisation von 4-Vinylpyridin auf einer sauren polymeren Matrix besondere Beachtung geschenkt, zumal dadurch eine Anlagerung und eine Aktivierung von Monomeren gewährleistet wird. Als Matrix kamen Polystyrolsulfonsäuren [411, 412, 416], Polyäthylensulfonsäuren [412, 416], Polyacrylsäure [413, 414, 416], Poly-L-glutaminsäure [414] usw. zur Anwendung.

In den meisten Fällen diente also als Matrix eine starke polymere Säure, die mit dem Monomer Vinylpyridiniumsalze bildet. Dabei konnte gezeigt werden, daß sich nur solche Monomermoleküle an der Polymerisation beteiligten, die salzartig mit der Matrix verbunden sind. Ferner wurde festgestellt, daß die Geschwindigkeit der Polymerisation auch von der Konformation der Matrix beeinflußt wird, was am Beispiel von Poly-L-glutaminsäure besonders deutlich in Erscheinung tritt (Helix-Knäuel-Formen). Einige Versuche zur Polymerisation von 4-Vinylpyridin wurden auch in Gegenwart von Salzsäure, Schwefelsäure und anderen anorganischen Säuren durchgeführt [415].

Die von *Iwatsuki* u. Mitarb. [418] beobachtete spontane Polymerisation von 2-Vinylpyridin in Gegenwart von CH_3I, die sie als Ladungsübertragung-(Charge/Transfer)-Copolymerisation bezeichneten, verlief nach Meinung dieser Autoren nach einem Mechanismus, der dem von *Kargin* und *Kabanov* entwickelten weitgehend analog ist.

Salamone u. Mitarb. [419 bis 422] haben einen anderen Polymerisationsmechanismus vorgeschlagen (und ihn auch begründet), wonach die Halogenionen in der ersten Reaktionsstufe keine wesentliche Rolle spielen, sondern die Initiierung durch den nucleophilen Angriff von 4-Vinylpyridin auf die Doppelbindung von 4-Vinylpyridiniumion erfolgt und die Polymerisation zunächst zur Bildung von Poly-1,4-pyridiniumdiyläthylen oder „Ionen" $(CH_2-CH_2-C_5H_4N^{+}X^{-})_n$ führt, das anschließend in Poly-4-vinylpyridin übergeht.

Neuerdings wurde dieser Mechanismus auch von sowjetischen Autoren in Betracht gezogen [423].

6.4.2. *Katalytische Eigenschaften von Poly-4-vinylpyridin*

6.4.2.1. *Untersuchungen allgemeinen Charakters*

Eine Reihe von Arbeiten von *Kabanov* u. Mitarb. [424 bis 428] befaßt sich mit dem Wirkungsmechanismus, den Ursachen der katalytischen Aktivität, der Natur von aktiven Zentren von Poly-4-vinylpyridin bzw. alkylierten Poly-4-vinylpyridinen, vor allem in bezug auf die esterolytische Wirkung (z. T. werden auch Vergleiche mit α-Chymotrypsin) durchgeführt.

Als wichtigste Ergebnisse sind zu erwähnen die Feststellung, daß sich bei alkyliertem Poly-4-vinylpyridin nur eine Fraktion mit einem Alkylierungsgrad von ca. 8% als katalytisch hochaktiv erweist und daß zwei Arten von aktiven Zentren mit nucleophilem Charakter im Katalysator vertreten sind.

Über die Bildung von EDA-Komplexen zwischen Poly-4-vinylpyridin und organischen Elektronenakzeptoren wird von Hallensleben in [429] berichtet. In [430] wird auf die Wirkung des elektrostatischen Feldes auf die Quaternisierung von Polyvinylpyridinen mit Alkylhalogeniden eingegangen.

6.4.2.2. *Hydrolyse, Esterolyse*

Eine esterolytische Wirkung von Poly-4-vinylpyridin wurde bereits von *Letsinger* u. Mitarb. [431, 432, 433] beobachtet. Untersucht wurde die Hydrolyse von 2,4-Dinitrophenylacetat, Kalium-3-nitro-4-acetoxybenzolsulfat, 5-Nitro-4-acetoxysalicylsäure u. a. Zwecks Vergleich wurden auch Hydrolyseversuche in Gegenwart von Poly-N-vinylimidazol durchgeführt. Die Versuche erfolgten in 50%igem Alkohol unter Zusatz von KCl. Der Hydrolysemechanismus wurde diskutiert.

Eine außergewöhnlich hohe katalytische Aktivität bei der Hydrolyse von Nitrophenylacetat, -trimethylacetat und -cinnamat, zeigen nach *Kabanov* u. Mitarb. die Umsetzungsprodukte von Poly-4-vinylpyridin mit 2-(2'-Chloräthyl)pyridin [434] bzw. mit 4(5)-Chlormethylimidazol [435].

6.4.2.3. *Polymerisation und einige andere Reaktionen*

Kargin, Kabanov u. Mitarb. beschreiben in [436] die Polymerisation von Maleinsäureanhydrid in Gegenwart von als Matrize dienenden Poly-4-vinylpyridin [436].

Sakaguchi u. Mitarb. [437] untersuchten die radikalische Polymerisation von Methylacrylat, Acrylsäure und Vinylacetat in Gegenwart von Poly-4-vinylpyridin bzw. Poly-2-vinylpyridin.

Kabanov u. Mitarb. stellten fest, daß Poly-4-vinylpyridin bzw. Copolymere des 4-Vinylpyridins mit Styrol die Umsetzung von Isocyanaten mit Alkoholen katalysieren [438], s. ferner [365].

6.4.2.4. *Poly-4-vinylpyridin-Kupfer-Komplexe*

Mehrere Arbeiten sind den Eigenschaften und der katalytischen Wirkung von Kupferkomplexen des Poly-4-vinylpyridins gewidmet. *Kabanov* u. Mitarb. [439] befaßten sich mit den Besonderheiten der Komplexbildung von alkylierten Poly-4-vinylpyridinen mit

Faserforschung und Textiltechnik 25 (1974) Heft 11
Zeitschrift für Polymerforschung

Cu^{++}-Ionen in wäßriger Lösung. Die thermische Beständigkeit solcher Komplexe wurde von *Geuskens* u. a. in [440] untersucht.

Tsuchida u. Mitarb. [441 bis 444] führten Versuche zur Herstellung von Polyphenylenoxiden in Gegenwart von Cu-Poly-4-vinylpyridinkomplexen unter Anwendung von o-Cresol, 2,6-Xylenol usw. durch. Die rel. Molekülmassen der dabei erhaltenen Polymeren überschritt 3000 nicht.

Hohe Umsätze (bis 95% d. Th.) bei der Oxydation verschiedener Alkylphenole bzw. tert. Butylhydrochinon zu Benzochinon erzielten *Chidekel'* u. *Dadze* [445].

Kabanov u. Mitarb. berichten über die Anwendung von teilweise alkylierten Poly-4-vinylpyridinen in Form ihrer Cu(II)-Komplexe bei der Oxydation von Ascorbinsäure [446, 447]. Die katalytische Aktivität erwies sich um das 200- bzw. 1500fache stärker als die von freien Cu^{++}-Ionen, d. h. nur ca. um das 300fache geringer als die von Ascorbatoxydase. Mit zu erwähnen wäre noch eine Arbeit von *Sasaki* u. Mitarb. [448] über die Zerlegung von H_2O_2 in Gegenwart eines Komplexes des Poly-4-vinylpyridins mit CoCl-(dimethylglyoxim).

6.5. Verschiedene andere künstliche Fermente

Eine Reihe der Arbeiten von *Kabanov* u. Mitarb. auf dem Gebiet der künstlichen Fermente ist den Katalysatoren auf der Basis von Polyoxyäthylenestern N-substituierter Histidine (N-Benzoyl-, N-(2,2′5,5′-Tetramethyl-3-carboxypyrrolidin-1-oxyl-histidin) gewidmet [449 bis 453], die sich ebenfalls als aktive Katalysatoren (vor allem in Gegenwart von Polyacryl- bzw. Polymethacrylsäure) bei der Esterhydrolyse erweisen. Eine hohe esterolytische Aktivität zeigt auch das System Polyallylalkohol-N-Carboxybenzoxyhistidin [454], s. auch [455].

Saito [456] untersuchte die Hydrolyse von p-Nitrophenylacetaten in Gegenwart von Poly-L-histidin bzw. L-Histidin/L-Glutamin-Copolymeren.

In einigen Arbeiten verschiedener Autoren wurde die reduzierende Wirkung einiger Fermentanalogen am Beispiel der Reduktion von p-Benzochinon in Gegenwart von Polystyrylmethylendihydronicotinamid [457] und von Furfural (zu Furoin) in Gegenwart von 4- bzw. 5-Vinyl-4-methylthiazol [458] untersucht.

Zu erwähnen ist noch der Beitrag von *Endo* u. a. [459] über die Polymerisation von Methacrylsäure bzw. p-Hydroxystyrol in Gegenwart von Poly-N-vinyl-5-methyl-2-oxazolidon.

6.6. Asymmetrische Synthesen

Inoue u. Mitarb. [460, 461, 462] beschreiben einige Additions- bzw. Polyadditionsreaktionen (Mercaptane + Ester) in Gegenwart optisch aktiver Polymerer, unter Bildung von ebenfalls optisch aktiven Reaktionsprodukten. Als polymere Katalysatoren werden Poly-s-isobutyläthylenimin, Poly-1-benzyl-L-histidin sowie Propylenoxid/1-Benzyl-N-carboxy-L-histidin-Copolymere erwähnt.

Über die asymmetrische Hydrierung von Acetessigsäuremethylester in Gegenwart eines Komplexes auf der Basis von Poly-L-methyläthylenimin bzw. PÄI und Ru^{+++} wird in [463] berichtet.

Optisch aktive Polymere mit Aminogruppen, darunter Poly-S-isobutyläthylenimin bzw. seine Derivate, Methyl-D-glucosamidgruppen enthaltende Styrol/Divinylbenzol-Copolymere und Diäthylaminoäthylcellulose wurden von *Tsubojama* als Katalysatoren von Cyanhydrinsynthesen (z. B. für die Synthese von Benzaldehyd-Cyanhydrin) angewandt [464, 465, 466].

Klabunovskij [467] hat für solche Synthesen tert. Butyläthylenimin sowie die mit Chlordiäthylamin behandelte Cellulose verwendet.

6.7. Weitere Reaktionen an Matrizen und Ankerstoffen

Eine Übersicht über die Matrizenreaktionen wird von *Kämmerer* [468] gegeben. Im vorhergehenden Kapitel wurde sowohl die Matrizenpolymerisation von 4-Vinylpyridin als auch die Anwendung von Poly-4-vinylpyridin als Matrize erörtert. An dieser Stelle wird nur auf die Herstellung von stereoregulären PMMA, PVAc und Polyacrylsäure in Gegenwart von Poly-2-vinylpyridin, PMMA, Polyvinylpyrrolidin, Polymethylvinyläther usw. hingewiesen [437]. Die Synthese von Polyurethanen in quellfähigen zellulären Matrizen wird in [469] geschildert. In [470] untersuchten die Autoren einige Besonderheiten der Photooxydationskinetik von Anthracen und Naphthacen in Polystyrol bzw. PMMA als Matrize.

Über die Anwendung von polymeren Ankerstoffen bei der Synthese von Oligonucleotiden liegen zahlreiche Veröffentlichungen vor. Hier werden nur vier solche Beiträge als Beispiel erwähnt. Meist handelt es sich dabei um vernetzte Styrol-Copolymere [471 bis 474]. In [475] wird die Synthese von Oligosacchariden beschrieben.

Mehrere Veröffentlichungen über die Aktivierung der Polymerisation von Vinylmonomeren durch Zusetzen von synthetischen Polymeren (Polycaprolactam) (s. z. B. [476, 477]), von Cellulose (s. z. B. [478, 479]), von Stärke [480] oder acetylierter Cellulose (s. z. B. [481, 482, 483]) stammen von *Imoto* u. Mitarb.

Die Problematik der Reaktionen an Matrizen und Ankerstoffen ist eng mit der Frage des Trägermaterials bei katalytischen Prozessen verknüpft, worauf hier nicht eingegangen wird. Es sei lediglich auf die Übersicht von *Kohler* und *Dawans* in „Revue de l'Institut Français du Pétrole“ (1972) 1/2, S. 105—154, hingewiesen, in der auch Fragen des Trägermaterials und der Ankergruppen behandelt werden.

Literatur

[1 bis 171] s. Teil I: d. Z. **25** (1974) 10, S. 457—459.
[172] *Poljanskij, N. G.:* Kataliz ionitami. Moskva, Chimija 1973.
[173] *Kühne, G.:* Chemiker-Ztg. **96** (1972) 5, S. 239—247, 638, 639, 641.
[174] *Urata, J.:* MOL (1971) 9, S. 93—99; 10, S. 95—102; 11, S. 96—102.
[175] Kunstharz-Ionenaustauscher. Berlin: Akademie-Verlag 1970, S. 591—635.
[176] *Zieborak, K.:* Przem. chem. **52** (1973) 3, S. 173—174.
[177] SUP (Urheberschein) 357001 v. 29. 9. 1969. Erf.: *Belov, P. S., Isaguljanc, V. I.,* und *Gusev, V. K.*
[178] SUP (Urheberschein) 326971 v. 1. 7. 1970. Erf.: *Vdovcova, E. A.,* und *Fedorova, G. F.*
[179] *Cvetkov, O. N., Korenev, K. D., Dimitriev, S. A.,* und *Karavaev, N. M.:* Dokl. Akad. Nauk SSSR (Ber. Akad. Wiss. UdSSR) **162** (1965) 4, S. 833—835.

[180] *Karavaev, N. M., Dmitriev, S. A., Zimina, K. I., Kazakov, E. I., Korenev, K. D., Kotova, G. G.,* und *Cvetkov, O. N.:* Dokl. Akad. Nauk SSSR (Ber. Akad. Wiss. UdSSR) **173** (1967) 4, S. 832—833.

[181] *Cvetkov, O. N., Korenev, K. D., Karavaev, N. M.,* und *Dmitriev, S. A.;* Dokl. Akad. Nauk SSSR (Ber. Akad. Wiss. UdSSR) **157** (1964) 5, S. 1171—1173.

[182] *Cvetkov, O. N., Korenev, K. D., Dmitriev, S. A.,* und *Karavaev, N. M.:* Dokl. Akad. Nauk SSSR (Ber. Akad. Wiss. UdSSR) **167** (1966) 1, S. 115—118.

[183] *Dmitriev, S. A., Zimina, K. I., Kazakov, E. I., Korenev, K. D., Kotova, G. G.,* und *Cvetkov, O. N.:* Chim. Technol. Topliv i Masel (Chem. Techn. Brennstoffe u. Öle) **12** (1967) 3, S. 12—16.

[184] *Monastyrskij, V. N., Cvetkov, O. N., Dmitrieva, N. A., Kazakov, E. I.,* und *Kornev, K. D.:* Chim. Technol. Topliv i Masel (Chem. Techn. Brennstoffe u. Öle) **15** (1970) 3, S. 17—19.

[185] *Isaguljanc, V. I., Favorskaja, N. A.,* und *Tiškova, V. N.:* Ž. prikl. Chimii (Z. angew. Chemie) **34** (1961) 3, S. 693—694.

[186] *Belov, P. S.,* und *Isaguljanc, V. I.:* Chim. Technol. Topliv i Masel (Chem. Technol. Brennstoffe u. Öle) **8** (1963) 9, S. 28—31.

[187] *Belov, P. S., Isaguljanc, V. I.,* und *Kljukina, Z. P.:* Ž. prikl. Chimii (Z. angew. Chemie) **37** (1964) 1, S. 162 bis 165.

[188] *Isaguljanc, V. I.,* und *Belov, P. S.:* Ž. prikl. Chimii (Z. angew. Chemie) **37** (1964) 8, S. 1797—1802.

[189] *Isaguljanc, V. I., Tiškova, V. N., Bolotova, G. I.,* und *Kiričenko, L. N.:* Ž. prikl. Chimii (Z. angew. Chemie) **37** (1964) 12, S. 2729—2733.

[190] *Isaguljanc, V. I., Fedorova, R. I., Kustanovič, Z. D., Mitina, V. V.,* und *Belov, P. S.:* Chim. Technol. Topliv i Masel (Chem. Technol. Brennstoffe u. Öle) **13** (1968) 8, S. 15—19.

[191] *Belov, P. S., Bel'fer, S. I., Ivanova, I. I.,* und *Saldadze, K. M.:* Ž. prikl. Chimii (Z. angew. Chemie) **16** (1973) 9, S. 2031—2035.

[192] *Bernadjuk, Z. A., Belov, P. S., Egorov, N. M., Korsakov, N. M., Libinštejn, I. V., Lunnov, L. V.,* und *Sarkisjanc, R. A.:* Chim. Technol. Topliv i Masel (Chem. Technol. Brennstoffe u. Öle) **9** (1964) 3, S. 27—31.

[193] *Belov, P. S., Libinštejn, I. E.,* und *Egorov, N. M.:* Chim. Technol. Topliv i Masel (Chem. Technol. Brennstoffe und Öle) **15** (1970) 4, S. 17—20.

[194] *Starkov, S. P.,* und *Gluškova, L. V.:* Ž. prikl. Chimii (Z. angew. Chemie) **40** (1967) 1, S. 224—226.

[195] *Starkov, S. P.,* und *Gluškova, L. V.:* Ž. prikl. Chimii (Z. angew. Chemie) **40** (1967) 7, S. 1642—1644.

[196] *Starkov, S. P., Otmachova, V. M.,* und *Volkotrub, M. R.:* Ž. prikl. Chimii (Z. angew. Chemie) **40** (1967) 7, S. 1644—1646.

[197] *Starkov, S. P., Baranov, V. A.,* und *Volkotrub, M. N.:* Ž. prikl. Chimii (Z. angew. Chemie) **41** (1968) 3, S. 688 bis 690.

[198] *Belov, P. S.,* und *Isaguljanc, V. I.:* Ž. prikl. Chimii (Z. angew. Chemie) **37** (1964) 11, S. 2505—2508.

[199] *Isaguljanc, V. I.,* und *Ljubova, T. A.:* Chim. Technol. Topliv i Masel (Chem. Technol. Brennstoffe u. Öle) **15** (1970) 2, S. 17—19.

[200] *Isaguljanc, V. I.,* und *Ljubova, T. A.:* Chim. Technol. Topliv i Masel (Chem. Technol. Brennstoffe u. Öle) **17** (1972) 1, S. 25—27.

[201] *Melikjan, V. P., L'vova, E. I., Ginzburg, I. S.,* und *Isaguljanc, V. I.:* Chem. Technol. Topliv. i Masel (Chem. Technol. Brennstoffe u. Öle) **18** (1973) 6, S. 24—26.

[202] *Isaguljanc, V. I.,* und *Ljubova, T. A.:* Ž. prikl. Chimii (Z. angew. Chemie) **43** (1970) 1, S. 192—197.

[203] *Ljubova, T. A.,* und *Isaguljanc, V. I.:* Ž. prikl. Chimii (Z. angew. Chemie) **43** (1970) 5, S. 1189—1191.

[204] *Isaguljanc, V. I.,* und *Ljubova, T. A.:* Ž. prikl. Chimii (Z. angew. Chemie) **43** (1970) 7, S. 1638—1640.

[205] *Egidis, F. M., Luckaja, S. N., Kochanova, I. V.,* und *Volkotrub, M. N.:* Ž. prikl. Chimii (Z. angew. Chemie) **41** (1968) 2, S. 404—408.

[206] *Zlotek, R., Rozycki, A., Rymarowicz, A.,* und *Jaworski, J.:* POP 64952 v. 9. 3. 68.

[207] *Julin, M. K., Vol'-Èpštejn, A. V., Davtjan, N. A.,* und *Lisjutkina, L. N.:* Neftechimija **4** (1964) 5, S. 717—721.

[208] *Pliev, T. N., Gordaš, Ju. T., Poletova, V. N., Sopkina, A. K.,* und *Bondar', A. E.:* Chim. Technol. Topliv i Masel (Chem. Technol. Brennstoffe u. Öle) **14** (1969) 3, S. 19—25.

[209] *Barral, M. A., de Cabrera, A. M. T., Castro, A. A.,* und *Parera, J. A.:* Rev. Fac. ing. quim. Univ. nac. Litoral **39** (1972) S. 275—287.

[210] *Malinowski, M.,* und *Tokarzewska, M.:* Przem. chem. **51** (1972) 12, S. 771—775.

[211] *Andrianova, T. I.,* und *Bruns, B. P.:* Kinetika i Kataliz **1** (1960) S. 440—446.

[212] *Andrianova, T. I.:* Katalytische Reaktionen in flüssiger Phase (russ.). Alma-Ata: Verlag Akad. Wiss. Kaz. SSR 1963, S. 428—432.

[213] *Andrianova, T. I.:* Kinetika i Kataliz **5** (1964) 4, S. 724—727.

[214] *Andrianova, T. I.:* Kinetika i Kataliz **5** (1964) 5, S. 927—931.

[215] *Isaguljanc, V. I.,* und *Markosjan, È. L.:* Ž. prikl. Chimii (Z. angew. Chemie) **35** (1962) 9, S. 2109—2111.

[216] *Isaguljanc, V. I.,* und *Trofimov, V. A.:* Ž. prikl. Chimii (Z. angew. Chemie) **40** (1967) 1, S. 232—234.

[217] *Kuz'mičev, O. V., Ustavščikov, B. F.,* und *Farberov, M. I.:* Ž. prikl. Chimii (Z. angew. Chemie) **40** (1967) 12, S. 2798—2802.

[218] *Karpov, O. N.,* und *Fedosjuk, L. G.:* Ž. prikl. Chimii (Z. angew. Chemie) **40** (1967) 12, S. 2853—2857.

[219] *Tursin, V. M.,* und *Čebotareva, L. G.:* Ž. prikl. Chimii (Z. angew. Chemie) **41** (1968) 3, S. 662—664.

[220] *Sharma, O. N., Nageshwar, G. D.,* und *Mene, P. S.:* Indian J. Technol. **10** (1972) 6, S. 221—223.

[221] *Davini, P.,* und *Tartarelli, R.:* Ann. Chimica (It.) **62** (1972) 6, S. 444—449.

[222] *Isaguljanc, V. I.,* und *Markosjan, È. L.:* Ž. prikl. Chimii (Z. angew. Chemie) **37** (1964) 5, S. 1145—1148.

[223] *Kukovickij, M. M.,* und *Isaguljanc, V. I.:* Chim. Technol. Topliv i Masel (Chem. Technol. Brennstoffe u. Öle) **10** (1965) 3, S. 16—19.

[224] *Isaguljanc, V. I., Parfenova, V. A.,* und *Trofimov, V. A.:* Ž. prikl. Chimii (Z. angew. Chemie) **44** (1971) 9, S. 2070—2072.

[225] *Poljanskij, N. G., Černyševa, D. A.,* und *Rubcova, N. D.:* Ž. prikl. Chimii (Z. angew. Chemie) **39** (1966) 5, S. 1211—1213.

[226] *Černyševa, D. A., Devjatirikova, L. S.,* und *Poljanskij, N. G.:* Ž. prikl. Chimii (Z. angew. Chemie) **43** (1970) 8, S. 1779—1783.

[227] *Isaguljanc, V. I., Fedorova, R. I.,* und *Gudok, E. S.:* Ž. prikl. Chimii (Z. angew. Chemie) **44** (1971) 1, S. 221.

[228] *Rejchsfel'd, V. O., Filippov, N. A.,* und *Javšic, G. P.:* Ž. prikl. Chimii (Z. angew. Chemie) **43** (1970) 1, S. 101 bis 107.

[229] *Filippov, N. A., Javšic, G. P.,* und *Rejchsfel'd, V. O.:* Ž. prikl. Chimii (Z. angew. Chemie) **43** (1970) 2, S. 467 bis 470.

[230] *Pereira, W., Close, V., Patton, W.,* und *Halpern, B.:* J. org. Chemistry **34** (1969) 6, S. 2032—2034.

[231] *Karpov, O. N., Fedosjuk, L. G.,* und *Kovan'ko, Ju. A.:* Ž. prikl. Chimii (Z. angew. Chemie) **42** (1969) 4, S. 952 bis 956.

[232] *Maros, L. K.,* und *Vanscó-Szmercsányi:* Makromol. Chemie **78** (1964) S. 224—230.

[233] *Chatge, N. D.:* J. appl. Polymer Sci. **8** (1964) 3, S. 1305 bis 1310.

[234] *Rachmankulov, D. L., Zlotskij, S. S., Simonov, V. V., Melikjan, V. P.,* und *Isaguljanc, V. I.:* Chimija i technologija êlementoorganičeskich soedinenij i polimerov (Chemie und Technologie von elementorganischen Verbindungen und Polymeren) (1972) 1/2, S. 47—52, Kazan' (UdSSR).

[235] *Isaguljanc, V. I.,* und *Safarov, M. G.:* Neftechimija **5** (1965) 4, S. 545—548.

[236] *Safarov, M. G., Rutman, G. I., Artem'ev, A. F.,* und *Isaguljanc, V. I.:* Ž. prikl. Chimii (Z. angew. Chemie) **43** (1970) 12, S. 2761—2763.

[237] *Safarov, M. G., Isaguljanc, V. I.,* und *Imašev, U. B.:* Izv. vysšich uč. Zav. Neft', Gaz (Hochschulnachr. Erdöl, Gas) (1972) 11, S. 59—62.

[238] *Safarov, M. G., Isaguljanc, V. I.*, und *Imašev, U. B.*: Izv. vysšich uč. Zav., Neft', Gaz (Hochschulnachr. Erdöl, Gas) (1973) 1, S. 44–48.

[239] *Isaguljanc, V. I.*, und *Chaimova, T. G.*: Ž. prikl. Chimii (Z. angew. Chemie) **42** (1969) 2, S. 468–470.

[240] *Isaguljanc, V. I., Chaimova, T. G.*, und *Archipova, A. I.*: Ž. prikl. Chimii (Z. angew. Chemie) **41** (1968) 3, S. 690–692.

[241] *Isaguljanc, V. I.*, und *Safarov, M. G.*: Ž. prikl. Chimii (Z. angew. Chemie) **39** (1966) 5, S. 1148–1154.

[242] *Isaguljanc, V. I., Safarov, M. G.*, und *Rachmankulov, D. L.*: Ž. prikl. Chimii (Z. angew. Chemie) **40** (1967) 5, S. 1160–1163.

[243] *Isaguljanc, V. I., Rachmankulov, D. A.*, und *Safarov, M. G.*: Ž. prikl. Chimii (Z. angew. Chemie) **41** (1968) 5, S. 1165–1167.

[244] *Isaguljanc, V. I., Isaguljanc, G. V., Chajrudinov, I. R.*, und *Rachmankulov, D. L.*: Izv. Akad. Nauk SSSR, Chimija (Nachr. Akad. Wiss. UdSSR, Chemie) (1973) 8, S. 1870–1872.

[245] *Isaguljanc, V. I., Melikjan, V. R.*, und *Nguen Man' Chung*: Ž. prikl. Chimii (Z. angew. Chemie) **46** (1973) 8, S. 1874–1875.

[246] *Rachmankulov, D. L., Safarov, M. G., Zlotskij, S. S.* und *Isaguljanc, V. I.*: Chimija i technologija člementoorganičeskich soedinenij i polimerov (Chemie u. Technologie von elementorganischen Verbindungen und Polymeren) (1972) 1/2, S. 82–85 Kazan (UdSSR).

[247] *Isaguljanc, V. I., Rachmankulov, D. L.*, und *Safarov, M. G.*: Izv. vysšich uč. Zav. chim., Chimija, Technologija (Hochschulnachr. Chemie, Technologie) **16** (1973) 5, S. 755–759.

[248] SUP (Urheberschein) 351817 v. 12. 4. 1967. Erf.: *Isaguljanc, V. I., Rachmankulov, D. L., Safarov, M. G.*

[249] *Chamrabaeva, Ch., Ismailov, N. P.*, und *Rustamov, Ch. P.*: Uzb. Chim. Ž. (Usbekische chem. Zeitschrift) (1972) 6, S. 45–46.

[250] *Pokrovskaja, I. E., Menjajlo, A. T., Jakovleva, A. K., Gorda, R. A.*, und *Putilina, L. K.*: Neftechimija **8** (1968) 4, S. 550–554.

[251] *Safarov, M. G., Isaguljanc, V. I., Kantor, E. A.*, und *Rachmankulov, D. L.*: Ž. prikl. Chimii (Z. angew. Chemie) **43** (1970) 10, S. 2351.

[252] *Isaguljanc, V. I.*, und *Chomko, S. V.*: Ž. prikl. Chimii (Z. angew. Chemie) **41** (1968) 3, S. 665–668.

[253] *Zelikman, Z. I.*, und *Kul'nevič, V. G.*: Heterogene Katalyse bei den Herstellungs- und Umwandlungsreaktionen von heterocyclischen Verbindungen (russ.), Moskau 1971, S. 93–98.

[254] *Isaguljanc, V. I.*, und *Gozalova, N. S.*: Ž. prikl. Chimii (Z. angew. Chemie) **44** (1971) 10, S. 2348–2349.

[255] *Vajser, V. L., Rjabov, V. D.*, und *Pirjatinskij, V. M.*: Ž. prikl. Chimii (Z. angew. Chemie) **34** (1961) 6, S. 1380 bis 1381.

[256] *Isaguljanc, V. I., Evstaf'ev, V. P.*, und *Eroševa, L. A.*: Ž. prikl. Chimii (Z. angew. Chemie) **38** (1965) 8, S. 1878 bis 1880.

[257] *Mc Nutt, B. W.*, und *Gammill, B. B.*: Austr. P 415695 v. 27. 5. 1968.

[258] *Gammill, B. B., Ladewig, G. R.*, und *Ham, G. E.*: USP 3634341 v. 6. 3. 70.

[259] *Keclach, M. M., Ratanova, A. I.*, und *Aleksandrov, A. S.*: Gidroformilirovanie (Hydroformylierung) Moskau–Leningrad: Verlag Chemija 1972, S. 186–197.

[260] *Keclach, M. M., Ratanova, A. I.*, und *Rudkovskij, D. M.*: Neftechimija **10** (1970) 1, S. 88–95.

[261] *Keclach, M. M., Ratanova, A. I.*, und *Rudkovskij, D. M.*: Neftechimija **8** (1968) 5, S. 756.

[262] *Cossu-Jouve, M., Savon, M.-C.*, und *Ucciani, E.*: Bull. Soc. chim. France (1973) 7/8, S. 2429–2434.

[263] *Širobokova, A. I.*, und *Levanevkij, O. E.*: Kinetika i Kataliz **11** (1970) 5, S. 1147–1151.

[264] *Matyschok, H.*, und *Ropruszynski, S.*: Wiad. chem. Polen **26** (1972) 4, S. 243–259.

[265] *Pasedach, H., Hoffmann, W.*, und *Himmele, W.*: DBP 1643710 v. 12. 9. 1967.

[266] *Ustynjuk, L. A., Akimov, S. A., Gusev, B. P., Kononov, I. F.*, und *Kučerov, V. F.*: Izv. Akad. Nauk SSSR (Nachr. Akad. Wiss. UdSSR) (1972) 10, S. 2347 bis 2348.

[267] *Isaguljanc, V. I., Boeva, R., Kustanovič, Z. D.*, und *Markin, V. S.*: Ž. prikl. Chimii (Z. angew. Chemie) **41** (1968) 7, S. 1585–1590.

[268] *Isaguljanc, V. I.*, und *Anufrieva, N. M.*: Ž. prikl. Chimii (Z. angew. Chemie) **44** (1971) 5, S. 1195–1197.

[269] *Isaguljanc, V. I.*, und *Anufrieva, N. M.*: Ž. prikl. Chimii (Ž. angew. Chemie) **46** (1973) 6, S. 1389–1390.

[270] *Isaguljanc, V. I.*, und *Anufrieva, N. M.*: Ž. prikl. Chimii (Z. angew. Chemie) **44** (1971) 10, S. 2345–2348.

[271] *Akutin, M. S., Tagil'ceva, N. B., Tarachtunov, O. A.*, und *Chviler, V.*: Plast. Massy (Plast. Massen) (1972) 11, S. 4–5.

[272] USP 3666766 v. 27. 12. 66. Erf.: *Pedigo, J. B., Feldman, J.*, und *Kereszies, I. A.*

[273] *Isaguljanc, V. I., Frolov, V. I., Trofimov, V. A., Fedorova, R. I.*, und *Adžiev, Ju. A.*: Ž. prikl. Chimii (Z. angew. Chemie) **43** (1970) 9, S. 2119–2122.

[274] *Isaguljanc, V. I.*, und *Poredda, Z.*: Ž. prikl. Chimii (Z. angew. Chemie) **37** (1964) 2, S. 418–422.

[275] *Isaguljanc, V. I.*, und *Poredda, Z.*: Ž. prikl. Chimii (Z. angew. Chemie) **37** (1964) 5, S. 1093–1099.

[276] *Kozlov, N. S., Naumova, L. V.*, und *Kozlova, L. N.*: Dokl. Akad. Nauk BSSR (Ber. Akad. Wiss. Beloruss. SSR) **17** (1973) 1, S. 56–59.

[277] *Lukanoff, T.*: Faserforsch. u. Textiltechnik **16** (1965) S. 77–83; 48–49, 540–546.

[278] *Mastagli, P., Lambert, P.*, und *François, C.*: Bull. Soc. chim. France (1957) S. 1108–1110.

[279] *Hsia Chen, C. S.*: J. organic. Chem. **27** (1962) S. 1920 bis 1921.

[280] *Tursin, V. M., Čebotareva, L. G.*, und *Grojzik, T. Ju.*: Ž. prikl. Chimii (Z. angew. Chemie) **38** (1965) 2, S. 443 bis 445.

[281] *Gol'denštejn, L. M.*, und *Frejdlin, G. N.*: Ž. prikl. Chimii (Z. angew. Chemie) **37** (1964) 11, S. 2540 bis 2543.

[282] *Gol'denštejn, L. M.*, und *Frejdlin, G. N.*: Ž. prikl. Chimii (Z. angew. Chemie) **38** (1965) 6, S. 1345–1348.

[283] *Gol'denštejn, L. M.*, und *Frejdlin, G. N.*: Ž. prikl. Chimii (Z. angew. Chemie) **38** (1965) 11, S. 2538–2540.

[284] *Gol'denštejn, L. M.*, und *Frejdlin, G. N.*: Ž. prikl. Chimii (Z. angew. Chemie) **38** (1965) 11, S. 2541–2544.

[285] *Suzuki* u. a.: Nippon Kagaku Zasshi **88** (1967) 11.

[286] *Nakamura, A.*, u. a.: Kogyo Kagaku Zasshi **72** (1969) 3.

[287] *Teshima, H., Sumi, T.*, und *Morita, N.*: J. chem. Soc. Japan, Chem. a Ind. Chem. (1972) 11, S. 2045–2048.

[288] *Teshima, H.*, u. a.: Nippon Kagaku Kaishi **93** (1972) 4.

[289] *Vysockij, M. P., Keclach, M. M., Ratanova, A. I.*, und *Rudkovskij, D. M.*: Ž. prikl. Chimii (Z. angew. Chemie) **40** (1967) 11, S. 2552–2555.

[290] *Balašov, M. I., Serafimov, L. A.*, und *L'vov, S. V.*: Ž. prikl. Chimii (Z. angew. Chemie) **42** (1969) 8, S. 1865 bis 1871.

[291] *Jiraček, F.*, und *Horak, J.*: Chem. Prům. Praha **22** (1972) 7, S. 337–340.

[292] *Runge, F.*, und *Laqua, E.*: Makromol. Chemie **136** (1970) S. 315–317.

[293] *Gottifredi, Jr.*, u. a.: J. of Catalysis **12** (1968) 3.

[294] *Yamanis, J., Vilendich, R.*, und *Adelman, M.*: J. of *Catalysis* **26** (1972) 3, S. 490–494.

[295] *Gates, B. C., Wisnouskas, J. S.*, und *Heath, H. W., jr.*: J. of Catalysis **24** (1972) 2, S. 320–327.

[296] *Rozancev, E. G.*, und *Vystavkina, L. B.*: Ž. prikl. Chimii (Z. angew. Chemie) **35** (1962) 4, S. 919–921.

[297] *Markevič, S. M., Poljanskij, N. G.*, und *Potudina, N. A.*: Neftechimija **1** (1961) 2, S. 230–234.

[298] *Egidis, F. M.*, und *Kochanova, N. V.*: Ž. prikl. Chimii (Z. angew. Chemie) **41** (1968) 5, S. 1142–1143.

[299] *Pauškin, Ja. M.*, und *Logašin, S. V.*: Kinetika i Kataliz **11** (1970) 6, S. 1585–1586.

[300] *Isaguljanc, V. I.*, und *Fedorova, R. I.*: Ž. prikl. Chimii (Z. angew. Chemie) **38** (1965) 8, S. 1880–1882.

[301] *Šujkin, N. I., Pozdnjak, N. A.*, und *Dobrynina, T. P.*: Izv. Akad. Nauk SSSR, Ser. Chim. (Nachr. Akad. Wiss. UdSSR, Chemie) (1964) 9, S. 1705–1707.

[302] *Karpov, O. N., Bystrova, R. M.*, und *Fedosjuk, L. G.*: Ž. prikl. Chimii (Z. angew. Chemie) **40** (1967) 1, S. 219 bis 223.

[303] *Neier, W.*, und *Woellner, J.*: Hydrocarbon Proc. **51** (1972) 11, S. 113—116.
[304] *Poljanskij, N. G.*, und *Fedorov, E. F.*: Neftechimija **1** (1961) 6, S. 800—803.
[305] *Poljanskij, N. G., Markevič, S. M., Kozlova, I. T.*, und *Potudina, N. L.*: Neftechimija **1** (1961) 6, S. 804—810.
[306] *Poljanskij, N. G., Markevič, S. M., Potudina, N. L.*, und *Kozlova, T. I.*: Kinetika i Kataliz **4** (1963) 3, S. 614 bis 619.
[307] *Poljanskij, N. G.*, und *Tulupov, P. E.*: Ž. prikl. Chimii (Z. angew. Chemie) **36** (1963) 10, S. 2244—2251.
[308] *Poljanskij, N. G.*, und *Kozlova, T. I.*: Ž. prikl. Chimii (Z. angew. Chemie) **39** (1966) 8, S. 1788—1793.
[309] *Poljanskij, N. G.*, und *Tulupov, P. E.*: Ž. prikl. Chimii (Z. angew. Chemie) **35** (1962) 10, S. 2281—2287.
[310] *Krjukov, S. I., Kut'in, A. M., Osokin, Ju. G.*, und *Fel'dbljum, V. Š.*: Neftechimija **5** (1965) 6, S. 753 bis 759.
[311] *Poljanskij, N. G.*, und *Kozlova, T. I.*: Neftechimija **1** (1961) 5, S. 624—629.
[312] *Katagiri, T., Nakachi, O., Suzuki, T., Takabe, K.*, und *Tanaka, I.*: Bull. Inst. Chem. Res. Kyoto Univ. **50** (1972) 4, S. 363—367.
[313] *Poljanskij, N. G., Tulupov, P. E.*, und *Fedorov, E. F.*: Kinetika i Kataliz **3** (1962) 2, S. 162.
[314] *Poljanskij, N. G.*, und *Cechmister, E. F.*: Neftechimija **4** (1964) 2, S. 262—268.
[315] *Poljanskij, N. G.*, und *Tulupov, P. E.*: Neftechimija **4** (1964) 6, S. 860—862.
[316] *Poljanskij, N. G.*, und *Tulupov, P. E.*: Ž. prikl. Chimii (Z. angew. Chemie) **37** (1964) 12, S. 2686—2692.
[317] *Poljanskij, N. G.*, und *Meščerjakova, N. G.*: Ž. prikl. Chimii (Z. angew. Chemie) **44** (1971) 4, S. 895—899.
[318] *Isaguljanc, V. I., Kustanovič, Z. D.*, und *Dessuki, A. M.*: Ž. prikl. Chimii (Z. angew. Chemie) **40** (1967) 6, S. 1355—1359.
[319] *Nakano, S., Murayama, M., Watanabe, T.*, und *Okawa, T.*: USP 3595849 v. 29. 2. 1968.
[319a] *Askarov, M. A., Džalilov, A. T.*, und *Nijazova, M. M.*: Sintez vysokomolekuljarnych soedinenij (Synthese von hochmolekularen Verbindungen). Taškent: Verlag FAN 1972, S. 40—44.
[320] *Koyama, K., Nishimura, M.*, und *Hashida, J.*: J. Polymer Sci. A—1 **9** (1971) 9, S. 2439—2449.
[321] *Wright, O. L., Teipel, J.*, und *Thoeness, D.*: J. organic. Chem. **30** (1965) 4, S. 1301—1303.
[322] *Larkin, J. M.*, und *Chafetz, H.*: USP 3661950 vom 18. 11. 1970.
[323] *Zelikman, E. S., Jur'ev, Ju. N., Berezova, L. V.*, und *Tarasenkova, E. N.*: Ž. obšč. Chimii (Z. allg. Chemie) **8** (1972) 9, S. 1175—1179.
[324] *Vodnár, J.*: Revista chim. (Rum.) **23** (1972) 12, S. 731 bis 733.
[325] *Knözinger, E.*, und *Noller, E.*: Z. physik. Chemie (Frankfurt/M.) **79** (1972) 1/2, S. 66—77.
[326] *Uematsu, T.*: Bull. chem. Soc. Japan **45** (1972) 11, S. 3329—3333.
[327] *Haag, W. O.*, und *Whitehurst, D. D.*: USP 3668271 vom 13. 3. 1960.
[328] *Morawetz, H.*: Adv. in catalysis **20** (1969) S. 341—371.
[329] *Philipp, B.*: Faserforsch. u. Textiltechnik **24** (1973) 1, S. 1—5.
[330] *Zezin, A. B.*, und *Rogačeva, V. B.*: Uspechi Chimii i Fiziki Polimerov (Fortschr. in der Chemie d. Physik von Polymeren). Moskva: Verlag Chimija 1973, S. 3—30.
[331] *Morawetz, H.*, und *Vogel, B.*: J. amer. chem. Soc. **91** (1969) 3, S. 563—568.
[332] *Morawetz, H.*, und *Gordimer, G.*: J. amer. chem. Soc. **92** (1970) 26, S. 7532—7536.
[333] *Taha, I. A.*, und *Morawetz, H.*: J. amer. chem. Soc. **93** (1971) 4, S. 829—833.
[334] *Taha, I. A.*, und *Morawetz, H.*: J. Polymer Sci. A—2 **9** (1971) 9, S. 1669—1679.
[335] *Sakurada, I., Sakaguchi, Y., Ono, T.*, und *Ueda, I.*: Kobunshi Kagaku **22** (1965) 247, S. 696—701.
[336] *Sakurada, I., Ono, T., Ueda, T.*, und *Sakaguchi, Y.*: Kobunshi Kagaku **22** (1965) 247, S. 701—705.
[337] *Sakurada, I., Sakaguchi, Y., Ono, T.*, und *Ueda, I.*: Kobunshi Kagaku **22** (1965) 247, S. 706—711.
[338] *Sakurada, I., Ono, T.*, und *Sakaguchi, Y.*: Kobunsh Kagaku **22** (1965) 247, S. 711—716.
[339] *Sakurada, I., Sakaguchi, Y., Ono, T.*, und *Nishino, I.*: Kobunshi Kagaku **22** (1965) 248, S. 804—807.
[340] *Sakurada, I., Ono, T.*, und *Sakaguchi, Y.*: Kobunshi Kagaku **22** (1965) 248, S. 808—812.
[341] *Sakurada, I., Sakaguchi, Y.*, und *Ohmura, Y.*: Kobunshi Kagaku **23** (1966) 259, S. 842—848.
[342] *Sakurada, I., Sakaguchi, Y.*, und *Ono, T.*: Kobunshi Kagaku **23** (1966) 259, S. 843—852.
[343] *Sakurada, I., Ono, T.*, und *Sakaguchi, Y.*: Kobunshi Kagaku **23** (1966) 259, S. 853—858.
[344] *Sakurada, I., Sakaguchi, Y.*, und *Ohmura, Y.*: Kobunshi Kagaku **23** (1966) 258, S. 735—741.
[345] *Sakurada, I., Ohmura, Y.*, und *Sakaguchi, Y.*: Kobunshi Kagaku **23** (1966) 258, S. 741—748.
[346] *Sakurada, I., Ohmura, Y.*, und *Sakaguchi, Y.*: Kobunshi Kagaku **23** (1966) 258, S. 748—753.
[347] *Sakurada, I., Ono, T., Ohmura, Y.*, und *Sakaguchi, Y.*: Kobunshi Kagaku **24** (1967) 261, S. 87—90.
[348] *Sakurada, I., Ono, T., Kuwabara, N.*, und *Sakaguchi, Y.*: Kobunshi Kagaku **24** (1967) 262, S. 130—138.
[349] *Sakurada, I., Sakaguchi, Y.*, und *Ohmura, Y.*: Kobunshi Kagaku **24** (1967) 268, S. 570—576.
[350] *Sakurada, I., Ohmura, Y.*, und *Sakaguchi, Y.*: Kobunshi Kagaku **24** (1967) 269, S. 618—624.
[351] *Sakurada, I., Shima, Y.*, und *Sakaguchi, Y.*: Kobunshi Kagaku **27** (1970) 298, S. 124—126.
[352] *Sakurada, I., Sakaguchi, Y.*, und *Shima, Y.*: Kobunshi Kagaku **27** (1970) 298, S. 127—133.
[353] *Sakaguchi, Y., Yamada, J., Tamaki, K.*, und *Nishino, I.*: Kobunshi Kagaku **28** (1971) 317, S. 755—760.
[354] *Sakaguchi, Y., Tsujimoto, Y., Tamaki, K.*, und *Nishino, I.*: Kobunshi Kagaku **28** (1971) 317, S. 761 bis 765.
[355] *Sakaguchi, Y., Mayama, H., Tamaki, K.*, und *Nishino, I.*: Kobunshi Kagaku **30** (1973) 336, S. 196 bis 201.
[356] *Sakurada, I., Sakagushi, Y.*, und *Ohmura, Y.*: Kobunshi Kagaku **25** (1968) 227, S. 325—336.
[357] *Sakaguchi, Y., Nishino, I., Tamaki, K.*, und *Soma, S.*: Kobunshi Kagaku **26** (1969) 295, S. 781—786.
[358] *Sakurada, I., Ohmura, Y.*, und *Sakaguchi, Y.*: Kobunshi Kagaku **24** (1967) 265, S. 341—347.
[359] *Yoshikawa, S.*, und *Kim, O. K.*: Bull. Chem. Soc. Japan **39** (1966) 7, S. 1515—1519.
[360] *Yoshikawa, S.*, und *Kim, O. K.*: Bull. Chem. Soc. Japan **39** (1968) 8, S. 1729—1733.
[361] *Kargin, V. A., Kabanov, V. A.*, und *Kargina, O. V.*: Dokl. Akad. Nauk SSSR (Ber. Akad. Wiss. UdSSR) **153** (1963) 4, S. 845—847.
[362] *Kargina, O. V., Adorova, I. V., Kabanov, V. A.*, und *Kargin, V. A.*: Dokl. Akad. Nauk SSSR (Ber. Akad. Wiss. UdSSR) **170** (1966) 5, S. 1130—1132.
[363] *Surkova, K. I., Savickaja, E. M.*, und *Bruns, B. P.*: Dokl. Akad. Nauk SSSR (Ber. Akad. Wiss. UdSSR) **160** (1965) 2, S. 402—404.
[364] *Kapura, J. M.*, und *Gates, B. C.*: Ind. engng. chem. Prod. Res. and Develop. **12** (1973) 1, S. 62—67.
[365] *Okubo, T.*, und *Ise, N.*: J. amer. chem. Soc. **95** (1973) 7, S. 2293—2297.
[366] *Gembickij, P. A., Žuk, D. S.*, und *Kargin, V. A.*: Poliėtilenimin, Moskva: Verlag „Nauka" 1971.
[367] *Bamford, C. K.*, und *Schiiki, Z.*: Polymer, London (1968) 9, S. 595—598.
[368] *Kapančan, A. T., Pšežeckij, V. S.*, und *Kabanov, V. A.*: Vysokomol. Soed. (Hochmol. Verbind.) **11** B (1969) 1, S. 5—7.
[369] *Archangel'skaja, O. V., Pšežeckij, V. S.*, und *Kabanov, V. A.*: Dokl. Akad. Nauk SSSR (Ber. Akad. Wiss. UdSSR) **193** (1970) 2, S. 370—373.
[370] *Kapančan, A. T., Vitel's, A. Ė., Pšežeckij, V. S.*, und *Kabanov, V. A.*: Vysokomol. Soed. (Hochmol. Verbind.) **12 B** (1970) 12, S. 806—810.
[371] *Hine, J., Blod, E. F., Notari, R. E., Rogers, F. E.*, und *Schmalstieg, F. C.*: J. amer. chem. Soc. **95** (1973) 8, S. 2537—2543.
[372] *Topčieva, I. N.*, und *Kabanov, V. A.*: Vysokomol. Soed. (Hochmol. Verbind.) **12 B** (1970) 7, S. 542—545.

[373] *Morawetz, H., June-Ru Cho,* und *Gans, P. J.:* Macromolecules, Washington **6** (1973) 4, S. 624, 628.

[374] *Halló, J., Laszló, E.,* und *Toth, M.:* J. macromol. Sci., Chemistry **A 4** (1970) 5, S. 1215–1221.

[375] *Askarov, M. A., Džalilov, A. T.,* und *Nijazova, M. M.:* Vysokomol. Soed. (Hochmol. Verbind.) **15B** (1973) 9, S. 650–651.

[376] *Džalilov, A. T., Askarov, M. A., Babachanov, G. A.,* und *Karimova, A. M.:* IUPAC 1971 (Bratislava) Chem. Transf. Polym. Vol. 3.

[377] *Overberger, C. G.,* und *Salamone, J. C.:* Bull. Inst. Politechn. Jassi **16** (1970) 1/2, S. 73–80.

[378] *Kabanov, V. A.:* Z. vsesojuz. chim. Obšč. Mendeleeva (Z. chem. Allunions-Mendelejew-Ges.) **16** (1971) 4, S. 446–449.

[379] *Dobry-Duclaux, A.,* und *Perichon, P.:* J. Chimie-Physique **68** (1971) 11/12, S. 1747–1758.

[380] *Braunštejn, A. E.,* und *Karpejskij, M. Ja.:* Ž. vsesojuz. chim. Obšč. Mendeleeva (Z. chem. Allunions-Mendelejew-Ges.) **16** (1971) 4, S. 362–369.

[381] *Overberger, C. G.,* und *Salamone, J. C.:* Accounts Chem. Res. **2** (1969) 7, S. 217–224.

[382] *Overberger, C. G., St.-Pierre, T., Vorchheimer, N.,* und *Yaroslavsky, S.:* J. amer. chem. Soc. **85** (1963) 21, S. 3513–3515.

[383] *Overberger, C. G., St.-Pierre, T., Vorchheimer, N., Lee, J.,* und *Yaroslavsky, S.:* J. amer. chem. Soc. **87** (1965) 2, S. 296–301.

[384] *Overberger, C. G., St.-Pierre, T., Yaroslavsky, C., Yaroslavsky, S.:* J. amer. chem. Soc. **88** (1966) 6, S. 1184 bis 1188.

[385] *Overberger, C. G., Corett, R., Salamone, J. C.,* und *Yaroslavsky, S.:* Macromolecules, Washington **1** (1968) 4, S. 331–334.

[386] *Okamoto, Y.,* und *Overberger, S. G.:* J. Polymer Sci. A—1 **10** (1972) 11, S. 3387–3395.

[387] *Overberger, C. G., Morimoto, M., Cho, I.,* und *Salamone, J. C.:* Macromolecules, Washington **2** (1969) 5, S. 553 bis 554.

[388] *Overberger, C. G., Morimoto, M., Cho, I.,* und *Salamone, J. C.:* J. amer. chem. Soc. **93** (1971) 13, S. 3228–3236.

[389] *Overberger, C. G., Glowaky, R. C.,* und *Vandewyer, P.-H.:* J. amer. chem. Soc. **95** (1973) 18, S. 6008–6013.

[390] *Overberger, C. G.,* und *Morimoto, M.:* J. amer. chem. Soc. **93** (1971) 13, S. 3222–3228.

[391] *Overberger, C. G.,* und *Glowaky, R. C.:* J. amer. chem. Soc. **95** (1973) 18. S. 6014–6021.

[392] *Overberger, C. G., Sitamaiah, R., St.-Pierre, T.,* und *Yaroslavsky, S.:* J. amer. chem. Soc. **87** (1965) 14, S. 3270–3272.

[393] *Overberger, C. G.,* und *Maki, H.:* Macromolecules, Washington **3** (1970) 2, S. 214–220.

[394] *Overberger, C. G.,* und *Maki, H.:* Macromolecules, Washington **3** (1970) 2, S. 220–223.

[395] *Overberger, C. G., Salamone, J. C.,* und *Yaroslavsky, S.:* J. amer. chem. Soc. **89** (1967) 24, S. 6231–6236.

[396] *Morawetz, H., Overberger, C. G., Salamone, J. C.,* und *Yaroslavsky, S.:* J. amer. chem. Soc. **90** (1968) 3, S. 651–656.

[397] *Letsinger, R. L.,* und *Klaus, J. S.:* J. amer. chem. Soc. **85** (1963) 18, S. 3884–3885.

[398] *Gregor, H. P.,* und *Kang-Jen Liu:* J. amer. chem. Soc. **87** (1965) 8, S. 1678–1681.

[399] *Morawetz, H., Overberger, C. G., Salamone, J. S.,* und *Yaroslavsky, S.:* J. Polymer Sci. **B 4** (1966) 9, S. 609 bis 611.

[400] *Morawetz, H.,* und *Song, W. R.:* J. amer. chem. Soc. **88** (1966) 24, S. 5714–5718.

[401] *Aso, C., Kunitake, T.,* und *Shimada, F.:* J. Polymer Sci. **B 6** (1968) 7, S. 467–471.

[402] *Kunitake, T., Shimada, F.,* und *Aso, C.:* J. amer. chem. Soc. **91** (1969) 10, S. 2716–2723.

[403] *Kunitake, T., Chimada, F.,* und *Aso, C.:* Makromol. Chemie **126** (1969) S. 276–287.

[404] *Kunitake, T.,* und *Shinkai, S.:* Makromol. Chemie **151** (1972) S. 127–138.

[405] *Kunitake, T.,* und *Shinkai, S.:* J. amer. chem. Soc. **93** (1971) 17, S. 4247–4255.

[406] *Kunitake, T.,* und *Shinkai, S.:* J. amer. chem. Soc. **93** (1971) 17, S. 4256–4263.

[407] *Overberger, C. G.,* und *Yuen, P. S.:* J. amer. chem. Soc. **92** (1970) 6, S. 1667–1671.

[408] *Arcus, C. L., Gonzáles, C. G.,* und *Linnecar, D. F. C.:* Chem. Comm. (1969) S. 1377.

[409] *Kabanov, V. A.:* Usp. Chimii (Fortschr. d. Chemie) **36** (1967) 2, S. 217–242.

[410] *Kargin, V. A., Kabanov, V. A., Aliev, K. B.,* und *Razvodovskij, E. F.:* Dokl. Akad. Nauk SSSR (Ber. Akad. Wiss. UdSSR) **160** (1965) 3, S. 604–607.

[411] *Kargin, V. A., Kabanov, V. A.,* und *Kargina, O. V.:* Dokl. Akad. Nauk SSSR (Ber. Akad. Wiss. UdSSR) **161** (1965) 5, S. 1131–1134.

[412] *Kargina, O. V., Ul'janova, M. V., Kabanov, V. A.,* und *Kargin, V. A.:* Vysokomol. Soed. (Hochmol. Verbind.) **9A** (1967) 2, S. 340–344.

[413] *Kargina, O. V., Kabanov, V. A.,* und *Kargin, V. A.:* J. Polymer Sci. C (1968) 22, S. 339–348.

[414] *Kabanov, V. A., Petrovskaja, V. A.,* und *Kargin, V. A.:* Vysokomol. Soed. (Hochmol. Verbind.) **10A** (1968) 4, S. 925–934.

[415] *Petrovskaja, V. A., Kabanov, V. A.,* und *Kargin, V. A.:* Vysokomol. Soed. (Hochmol. Verbind.) **12A** (1970) 7, S. 1645–1659.

[416] *Kabanov, V. A., Kargina, O. V.,* und *Petrovskaja, V. A.:* Vysokomol. Soed. (Hochmol. Verbind.) **13A** (1971) 2, S. 348–365.

[417] *Gvozdeckij, A. M., Kim, V. O., Smetanjuk, V. I., Kabanov, V. A.,* und *Kargin, V. A.:* Vysokomol. Soed. (Hochmol. Verbind.) **13A** (1971) 11, S. 2409–2416.

[418] *Iwatsuki, S., Kokubo, T., Motomatsu, K., Tsuji, M.,* und *Yamashita, Y.:* Makromol. Chemie **120** (1964) S. 154–160.

[419] *Salamone, J. C., Snider, B.,* und *Fitch, W. L.:* J. Polymer Sci. **B 9** (1971) 1, S. 13–17.

[420] *Salamone, J. C., Snider, B.,* und *Fitch, W. L.:* Macromolecules, Washington **3** (1970) 5, S. 707–709.

[421] *Salamone, J. C., Snider, B.,* und *Fitch, W. L.:* J. Polymer Sci. A—1 **9** (1971) 6, S. 1493–1504.

[422] *Salamone, J. C., Ellis, E. J., Wilson, C. R.,* und *Bardoliwalla, D. F.:* Macromolecules, Washington **6** (1973) 3, S. 475–476.

[423] *Kargina, O. V., Mišustina, L. A., Berestova, S. S.,* und *Lukovkin, G. M.:* Vysokomol. Soed. (Hochmol. Verbind.) **14B** (1972) 11, S. 797–798.

[424] *Kirš, Ju. Ė., Plužnov, S. K., Šomina, T. S., Kabanov, V. A.,* und *Kargin, V. A.:* Vysokomol. Soed. (Hochmol. Verbind.) **12A** (1970) 1, S. 186–204.

[425] *Martinek, K., Kirš, Ju. Ė., Strongina, A. A., Dorovska, V. N., Jacimirskij, A. K., Berezin, I. V.,* und *Kabanov, V. A.:* Dokl. Akad. Nauk SSSR (Ber. Akad. Wiss. UdSSR) **199** (1971) 1, S. 148–151.

[426] *Torčilin, V. P., Maklakova, T. A., Papisov, I. M., Kirš, Ju. Ė.,* und *Kabanov, V. A.:* Vysokomol. Soed. (Hochmol. Verbind.) **14B** (1972) 1, S. 5.

[427] *Kabanov, V. A., Kirš, Ju. Ė., Papisov, I. M.,* und *Torčilin, V. P.:* Vysokomol. Soed. (Hochmol. Verbind.) **14B** (1972) 6, S. 405.

[428] *Kokorin, A. I., Kirš, Ju. Ė., Zamaraev, K. I.,* und *Kabanov, V. A.:* Dokl. Akad. Nauk. UdSSR (Ber. Akad. Wiss. UdSSR) **208** (1973) 4, S. 1391–1394.

[429] *Hallensleben, M. L.:* European Polymer Sci. **7** (1971) 8, S. 1197–1203.

[430] *Tsuchida, E.,* und *Irie, S.:* J. Polymer Sci. A—1 **11** (1973) 4, S. 789–799.

[431] *Letsinger, R. L.,* und *Savereide, T. J.:* J. amer. chem. Soc. **84** (1962) 1, S. 114–115.

[432] *Letsinger, R. L.,* und *Savereide, T. J.:* J. amer. chem. Soc. **84** (1962) 16, S. 3122–3127.

[433] *Letsinger, R. L.,* und *Klaus, I. S.:* J. amer. chem. Soc. **87** (1965) 15, S. 3380–3386.

[434] *Kirš, Ju. Ė., Kabanov, V. A.,* und *Kargin, V. A.:* Vysokomol. Soed. (Hochmol. Verbind.) **10A** (1968) 2, S. 349–355.

[435] *Kirš, Ju. Ė.,* und *Kabanov, V. A.:* Dokl. Akad. Nauk SSSR (Ber. Akad. Wiss. UdSSR) **195** (1970) 5, S. 1109–1112.

[436] *Papisov, I. M., Garina, E. S., Kabanov, V. A.,* und *Kargin, V. A.:* Vysokomol. Soed. (Hochmol. Verbind.) **10A** (1968) 8, S. 614–617.

[437] *Sakaguchi, Y., Harimoto, Y., Tamaki, K.*, und *Nishino, I.*: Kobunshi Kagaku **28** (1971) 316, S. 653—658.
[438] *Pshezetsky, V. S., Massouh, J.*, und *Kabanov, V. A.*: J. Polymer Sci., C (1968) 22, S. 309—318.
[439] *Kirš, Ju. Ė., Kovner, V. Ja., Kokorin, A. I., Zamaraev, K. I.*, und *Kabanov, V. A.*: Dokl. Akad. Nauk SSSR (Ber. Akad. Wiss. UdSSR) **212** (1973) 1, S. 138 bis 141.
[440] *Geuskens, G., Borsu, M., Hellinkx, E.*, und *David, C.*: Makromol. Chemie **135** (1970) S. 235—240.
[441] *Tsuchida, E., Kaneko, M., Takahashi H., Karino, J.*, und *Kurimura, Y.*: Kogyo Kagaku Zasshi **74** (1971) 9, S. 1955—1957.
[442] *Tsuchida, E., Kaneko, M., Nishide, H.*, und *Nishi, S.*: Kogyo Kagaku Zasshi **74** (1971) 11, S. 2370—2374.
[443] *Tsuchida, E., Nishide, H.*, und *Nishikawa, H.*: Nippon Kagaku Kaishi (1972) 12, S. 2416—2420.
[444] *Tsuchida, E., Kaneko, M.*, und *Nishide, H.*: Makromol. Chemie **164** (1973) S. 203—213.
[445] *Dadze, T. P.*, und *Chidekel', L. M.*: Izv. Akad. Nauk SSSR, Ser. chim. (Nachr. Akad. Wiss. UdSSR, Chemie) (1970) 12, S. 2722—2727.
[446] *Vengerova, N. A., Kirš, Ju. Ė.*, und *Kabanov, V. A.*: Vysokomol. Soed. (Hochmol. Verbind.) **A13** (1971) 11, S. 2509—2517.
[447] *Vengerova, N. A., Lukašina, N. N., Kirš, Ju. Ė.*, und *Kabanov, V. A.*: Vysokomol. Soed. (Hochmol. Verbind). **15A** (1973) 4, S. 773—787.
[448] *Sasaki, T.*, und *Matsunaga, F.*: Bull. Chem. Soc. Japan **41** (1968) 10, S. 2440—2442.
[449] *Topčieva, I. N., Solov'eva, A. V.*, und *Kabanov, V. A.*: Dokl. Akad. Nauk SSSR (Ber. Akad. Wiss. UdSSR) **199** (1971) 5, S. 1084—1087.
[450] *Topčieva, I. N., Solov'eva, A. V., Kurganov, B. I.*, und *Kabanov, V. A.*: Vysokomol. Soed. (Hochmol. Verbind.) **14A** (1972) 4, S. 825—837.
[451] *Topčieva, I. N., Solov'eva, A. V., Kurganov, B. I.*, und *Kabanov, V. A.*: Vysokomol. Soed. (Hochmol. Verbind.) **14A** (1972) 8, S. 1774—1781.
[452] *Topčieva, I. N., Solov'eva, A. B.*, und *Kabanov, V. A.*: Vysokomol. Soed. (Hochmol. Verbind.) **A15** (1973) 8, S. 1893—1898.
[453] *Topčieva, I. N., Peker, G. F., Postnikova, G. V., Kurganov, B. I.*, und *Kabanov, V. A.*: Vysokomol. Soed. (Hochmol. Verbind.) **A15** (1973) 9, S. 2153 bis 2157.
[454] *Topčieva, I. N., Bešir, A.*, und *Kabanov, V. A.*: Vysokomol. Soed. (Hochmol. Verbind.) **15B** (1972) 8, S. 585 bis 587.
[455] *Topčieva, I. N., Bešir, A.*, und *Kabanov, V. A.*: Vysokomol. Soed. (Hochmol. Verbind.) **15B** (1973) 8, S. 634—636.
[456] *Saito, T.*: Bull. Chem. Soc. Japan **38** (1965) 1, S. 4—7.
[457] *Lindsey, A. S., Hunt, S. E.*, und *Savill, N. G.*: Polymer, London **7** (1966), S. 479—486.
[458] *Schilling, C. L., jr.*, und *Mulvaney, J. E.*: Macromolecules, Washington **1** (1968) 5, S. 452—455.
[459] *Endo, T., Numazawa, R.*, und *Okawara, M.*: Kobunshi Kagaku **28** (1971) 314, S. 541—544.
[460] *Inoue, S., Ohashi, S., Tabata, A.*, und *Tsuruta, T.*: Makromol. Chemie **112** (1968) S. 66—72.
[461] *Ohashi, S.*, und *Inoue, S.*: Makromol. Chemie **150** (1971) S. 105—116.
[462] *Ohashi, S.*, und *Inoue, S.*: Makromol. Chemie **160** (1972) S. 69—81.
[463] *Hirai, H.*, und *Furuta, T.*: J. Polymer Sci. **B9** (1971) 6, S. 459—462.
[464] *Tsubojama, S.*: Bull. Chem. Soc. Japan **35** (1962) 6, S. 1004—1010.
[465] *Tsubojama, S.*: Bull. Chem. Soc. Japan **38** (1965) 3, S. 354—357.
[466] *Tsubojama, S.*: Bull. Chem. Soc. Japan **39** (1966) 4, S. 698—702.
[467] *Klabunovskij, E. I.*: Ž. fizič. Chimii (Z. physik. Chemie) **41** (1967) 10, S. 2528—2536.
[468] *Kämmerer, H.*: Chemiker-Ztg. **96** (1972) 1/2, S. 7—15.
[469] *Wagner, K.*, und *Dahne, M.*: Angew. Chemie **84** (1972) 21, S. 1001—1008.
[470] *Anisimov, V. M.*, und *Karpuchin, O. N.*: Izv. Akad. Nauk SSSR Ser. chim. (Nachr. Akad. Wiss. UdSSR, Chemie) (1973) 8, S. 1914.
[471] *Letsinger, R. L.*, und *Mahadevan, V.*: J. amer. chem. Soc. **85** (1963) S. 3526—3527.
[472] *Letsinger, R. L.*, und *Mahadevan, V.*: J. amer. chem. Soc. **88** (1966) 22, S. 5319—5324.
[473] *Melby, L. R.*, und *Strobach, D. R.*: J. amer. chem. Soc. **89** (1967) 2, S. 450—453.
[474] *Shimidzu, T.*, und *Letsinger, R. L.*: Bull. chem. Soc. Japan **44** (1967) 6, S. 1673—1677.
[475] *Belorizky, N., Excoffier, G., Gagnaire, D., Utille, J.-P., Vignon, M.*, und *Vottero, Ph.*: Bull. Soc. Chim. France (1972) 12, S. 4749—4753.
[476] *Ueno, K., Kinoshita*, und *Imoto, M.*: Kogyo Kagaku Zasshi **74** (1971) 9, S. 1921—1924.
[477] *Hayashi, S., Yoshinaga, M.*, und *Imoto, M.*: Kobunshi Kagaku **26** (1969) 288, S. 288—292.
[478] *Imoto, M., Kinoshita, M.*, und *Iki, Y.*: J. macromol. Sci., A: Chemistry **A5** (1971) 2, S. 287—296.
[479] *Ouchi, T., Otsuka, S.*, und *Imoto, M.*: Kobunshi Kagaku **30** (1973) 333, S. 46—50.
[480] *Imoto, M., Nakamura, Y.*, und *Ouchi, T.*: Kobunshi Kagaku **30** (1973) 339, S. 383—387.
[481] *Imoto, M., Takemoto, K.*, und *Tonimoto, T.*: Bull. Chem. Soc. Japan **41** (1968) 2, S. 531.
[482] *Kubushiro, K., Takemoto, K.*, und *Imoto, M.*: Bull. Chem. Soc. Japan **42** (1969) 11, S. 3327—3329.
[483] *Kubushiro, K., Takemoto, K.*, und *Imoto, M.*: Kobunshi Kagaku **28** (1971) 313, S. 386—388.

Eingegangen am 24. Mai 1974

Neue Bücher

Reactivity, Mechanism and Structure in Polymer Chemistry. Hgg. von *A. D. Jenkins* und *A. Ledwith*. London/New York/Sydney/Toronto: Wiley & Sons 1974. XVII, 613 S. Kunststoffeinb. £ 13.00

Eine Übersicht über die Vielfalt der Zusammenhänge, die zwischen Reaktivität, Mechanismus und Struktur in der Polymerchemie bestehen, erwartet der Leser vor Beginn der Lektüre dieser Monographie. Er wird in seiner Erwartung nicht enttäuscht, wenn er die Polymerchemie beschränkt auf Polymerisationsprozesse. Der Titel dieses Buches ist also zu allgemein, zu weit gefaßt. Sein Inhalt aber ist von den Autoren der 16 verschiedenen Kapitel so hervorragend gestaltet worden, daß das Studium für jeden Polymerwissenschaftler ein Gewinn sein wird. Deutlich spürt man, daß überwiegend erfahrene Hochschullehrer die Beiträge abfaßten. Der didaktische Aufbau der meisten Kapitel ist nämlich so gut gelungen, daß auch diejenigen, die sich auf dem Polymerisationsgebiet erst beginnen einzuarbeiten, schnell die wesentlichen Zusammenhänge erkennen und verstehen werden.

Nach einem einführenden Kapitel über „Allgemeine Aspekte der Reaktivität und Struktur bei Polymerisationsprozessen" von *N. C. Billingham* und *A. Ledwith* und einem über „Die Reaktivität von freien Radikalen" von *J. M. Tedder*, das sich auf Radikalreaktionen der niedermolekularen organischen Chemie beschränkt, werden in drei Kapiteln spezielle Probleme der Elementarreaktionen radikalischer Polymerisationen durch *C. H. Bamford* mit „Metallorganische Derivate von Übergangsmetallen als Initiatoren der Radikalpolymerisation", durch *A. D. Jenkins* mit „Die Reaktivität von Polymerradikalen bei Wachstums- und Übertragungsreaktionen" und durch *A. M. North* mit „Der Einfluß der Kettenstruktur auf die Radikalabbruchsreaktion" behandelt. Der Beitrag von *Bamford* ist im Gegensatz zu den anderen sehr breit angelegt und fällt mit seiner ausführlichen Be-

Faserforschung und Textiltechnik 25 (1974) Heft 11
Zeitschrift für Polymerforschung

Berichtigung

Im Titel der Arbeit

Analytische und morphologische Untersuchungen zum Viskose-EHM-Spinnprozeß

D. Bartsch, H.-J. Purz, D. Paul, H.-J. Gensrich und H.-G. Hicke, Faserforschung u. Textiltechnik / Z. Polymerforschung **25** (1974) 5, S. 184 ist durch ein technisches Versehen die Widmung

„Herrn Prof. Dr. Hermann Klare zur Vollendung des 65. Lebensjahres gewidmet“

weggeblieben. Wir bitten das Versehen zu entschuldigen.

Neue Bücher (Forts.)

schreibung stofflicher Einzelheiten aus dem Rahmen dieses Buches etwas hinaus. Dagegen hätte der Rezensent eine geschlossene und ausführlichere Darstellung der Copolymerisation, als sie bei *Jenkins* gegeben wird, erwartet.

Die beiden folgenden Kapitel von *K. E. Weale* „Der Einfluß von Druck auf Polymerisationsreaktionen“ und von *W. Cooper* „Emulsionspolymerisation“ sprechen wegen ihrer Bedeutung für großtechnisch angewandte Polymerisationsprozesse auch den Technologen an. Es werden hier schon nichtradikalische Prozesse berücksichtigt.

Den anschließenden Beiträgen zur ionischen Polymerisation ist jeweils wieder ein Kapitel über Reaktionen der aktiven Spezies, also der Carboniumionen und der Carbanionen, in der niedermolekularen organischen Chemie vorangestellt. Ebenfalls technisch wichtigen Polymerisationsprozessen sind dann die beiden nächsten Beiträge über komplexkoordinative Polymerisation und über die Polymerisation an Chromoxidkatalysatoren gewidmet. Sehr gründlich setzen sich *A. Ledwith* und *D. C. Sherrington*, die auch die Autoren des Beitrags über die kationische Polymerisation sind, mit den vielen umstrittenen Problemen des Mechanismus der komplexkoordinativen Polymerisation auseinander.

Reaktionen von Monomeren und Polymeren unter Lichteinwirkung, d. h. angefangen von der Photoinitiierung über den Photochromismus bis zum Photoabbau, fassen *F. C. De Schryver* und *G. Smets* in ihrem Beitrag zusammen. Hier werden einige Probleme der Polymerstruktur angesprochen, während im nächsten Kapitel „Konfiguration und Konformation bei Hochpolymeren“ von *P. L. Luisi* und *F. Ciardelli* die Polymerstruktur ganz im Mittelpunkt steht.

Beziehungen zwischen der Struktur der Monomeren und deren Reaktivität sowie dem Mechanismus und der Kinetik der Polymerisationsprozesse stehen wie bei den ersten 14 Kapiteln auch bei dem letzten „Thermodynamik der Additionspolymerisationsprozesse“ von *K. J. Ivin* im Vordergrund.

Es bleibt nur noch, auch dem Verlag ein Lob zu sagen für die vorzügliche Aufmachung und allen Bibliotheken in Polymerforschungseinrichtungen die Anschaffung des Buches zu empfehlen. Die Polymerwissenschaftler, aber auch fortgeschrittene Studenten, werden dankbare Leser sein.

B. Sandner

Industrial Starches. Von *Ronald W. James.* (Chemical Technology Review No. 23.) New Jersey/London: Noyes Data Corporation, Park Ridges 1974. X, 342 S. Kunststoffeinb. $ 36,—

Trotz der überdurchschnittlichen Produktionszunahme der Werk- und Hilfsstoffe aus synthetischen Polymeren haben die Polymeren aus natürlichen Rohstoffquellen nichts von ihrer Bedeutung eingebüßt. Man braucht nur an Cellulose zu denken, um diese Feststellung sinnfällig zu interpretieren. Gleiches ist auch von der Stärke zu sagen, die vielleicht noch vielfältiger als die Cellulose industriell genutzt wird, nicht nur als Grundlage für manches Nahrungsmittel, sondern auch als Kleister, Klebe- oder Schlichtemittel, als Zusatz zu Textilhilfsmitteln, Verdickungsmitteln, Bohrölen im Bergbau, als Zusatz zu Flotationshilfsmitteln, Ausrüstungsmitteln für Textilien, Haarverfestiger oder Streichmittel für Papiere.

Auch bei den Polymeren aus natürlichen Rohstoffquellen ist der Trend zur Abwandlung und Modifizierung des Makromoleküls zu beobachten, so wie er zur Zeit bei den synthetischen Polymeren in starkem Maße vorherrscht. Daß noc vor der Cellulose die Stärke das am mannigfachsten indu striell genutzte und auch chemisch „geschundene“ Kohle hydrat ist, kann man durch einen Blick in das Buch von *R. W. James* leicht feststellen.

Mit diesem Buch liegt aber keineswegs eine Monographie über dieses Kapitel der industriell genutzten Naturstoffe vor. Vielmehr hat man es mit der Zusammenstellung von 200 US-Patenten zu tun, die die ganze Breite der Stärkeprodukte umfassen. Eine Übersicht, die sowohl den Stand der Technik wiedergeben soll als auch als Anregung und Startpunkt für weitere Untersuchungen und wissenschaftliche Arbeiten dienen will.

Die Patente sind sehr ausführlich referiert und mit ihren Beispielen belegt. Damit kann das Buch ohne weiteres von den Interessenten — in der Hauptsache wohl der Fachmann auf dem Textilhilfsmittelgebiet und der experimentell arbeitende Polymerenchemiker — zur Laborarbeit herangezogen werden. Aus der Fülle des Stoffes sollen nur einige wenige Sachgebiete genannt werden: Oxydations- und Hydrolysereaktionen an der Stärke, molekulare Dispersion der Stärke in Wasser, Vibrationsmahlung, Sprühtrocknung der Stärke; Herstellung von Cyclodextrinen und anderen Stärkeabkömmlingen, kationakive Stärkeprodukte, Veresterung der Stärke; Einführung von Stickstoff-, Schwefel- oder Sauerstoffverbindungen in das Stärkemolekül; Stärke als Textilhilfsmittel, Kleber, Film; biologisch aktive Verbindungen der Stärke, Stärke und andere Polymere.

Eine kurze Einführung (2 Seiten), 15 Thesen, warum die US-Patentliteratur für den wissenschaftlich oder technisch Arbeitenden so wichtig ist, ein Namen- und Firmenverzeichnis der Patentinhaber und eine Liste der Patentnummern runden den Text des Buches ab. Gewünscht hätte man sich noch ein ausführlich gehaltenes Sachwortverzeichnis. Obwohl das umfangreich gestaltete Inhaltsverzeichnis direkt als „Subject Index“ mit ausgewiesen ist, kann man doch nicht ohne Kenntnis der Patentnummer zu einer bestimmten Verbindung gelangen, zumal oft in den einzelnen Patentbeispielen verschiedene Stoffklassen genannt werden, die nicht im Inhaltsverzeichnis erscheinen.

Die Herausgabe derartiger kommentarloser Zusammenstellungen von Patenten ist zweifellos zu begrüßen. Sie stehen dabei zwischen Monographie und Studie, was sicher eine nicht zu unterschätzende Hilfe sowohl für den Sachkenner als auch für den sich in dieses Gebiet Einarbeitenden darstellt. Studien werden oft unter erheblichem Aufwand verfaßt, der dabei der experimentellen Arbeit am Gegenstand der Studie verlorengeht. Monographien entsprechen in vielen Dingen nicht dem Stand der Technik, da sie ein abgeschlossenes Sachgebiet darstellen und ihre Abfassung naturgemäß der technischen Entwicklung nachhinkt. Beiden, Studie wie Monographie, fehlt das ausführliche praktische Detail, das eben gerade die Patentsammlung liefern kann. Wer sich also am Arbeitsplatz über neue Entwicklungen auf dem Stärkegebiet unterrichten will (die Patente sind bis 1972 erfaßt), wer experimentelle Möglichkeiten an Kohlenhydraten ergründen will oder originelle Einsatzgebiete für derartige Produkte sucht, sollte ruhig auch einmal nach den „Industrial Starches“ greifen und sich anregen lassen.

H. Schmiedeknecht

2200 Begriffsbestimmungen nach DIN. Deutsch und Englisch. Zusammengestellt von *Henry G. Freemen.* Hgg. vom Deutschen Normenausschuß (DNA). Berlin/Köln/Frankfurt (Main): Beuth-Vertrieb GmbH 1972. ISBN 3-410-10394-5. 347 S. Kunststoffeinb. DM 38,50.

Im Rahmen der immer stärker werdenden internationalen Verflechtungen auf allen Gebieten von Wissenschaft und Technik sind alle Bemühungen zu begrüßen, die zu einer besseren Verständigung und damit zur Vermeidung von Mißverständnissen führen. In dem vom Verfasser geleiteten fachtechnischen Übersetzungsinstitut wird seit 15 Jahren an der Übersetzung von DIN-Standards in die englische Sprache gearbeitet. Das Buch stellt daher eine Sammlung der deutschsprachigen Begriffe und ihrer Definitionen sowie der bei den Übersetzungsarbeiten entstandenen englischsprachigen Begriffe und Definitionen dar. Berücksichtigt wurden die Sachgebiete Akustik, Allgemeiner Maschinenbau, Anstrichtechnik, Arbeitsverfahren, Autogentechnik, Bauingenieurwesen, Baustoffe, Betonindustrie, Brennstofftechnologie, Chemie, Datenverarbeitung, Eisenhüttenkunde, Elektrotechnik, Fertigungstechnik, Feuerungsanlagen, Gasindustrie, Getreidebau, Grundlagenwissenschaften, Heizung und Lüftung, Holztechnik, Industrieofenbau, Kältetechnik, Klebstofftechnik, Kunststofftechnik, Laboratoriumsgeräte, Lagertechnik, Löttechnik, Meßtechnik, Metallhüttenkunde, Mineralölindustrie, Normungswesen, Nummerungstechnik, Oberflächenfehler, Oberflächenmeßtechnik, Oberflächenveredlung, Ölbrenner, Optische Industrie, Papierindustrie, Passungswesen, Physik, Pumpen, Regelungstechnik, Rohrleitungsbau, Röntgentechnik, Schmiertechnik, Schraubenindustrie, Schweißtechnik, Strahlenschutz, Technische Lieferung, Technisches Zeichnen, Ultraschall, Umformtechnik, Wärmebehandlung, Werkstoffprüfung, Zementindustrie und Zerspantechnik.

Die Übersetzung ins Englische ist in den allermeisten Fällen ausgezeichnet, obwohl nicht zu erwarten ist, daß die Übersetzer auf allen berücksichtigten Sachgebieten fachkundig sein können. Nur in wenigen Fällen ist der Übersetzung sachlich nicht zuzustimmen. So ist z. B. aus „Bleibende Dehnung kurz vor dem Reißen" im Englischen eine „Bleibende Dehnung kurz vor dem Ermüdungsbruch" geworden, weil „failure" anstelle von „fracture" in der Übersetzung verwendet wurde. Die wenigen, vom Rezensenten gefundenen Begriffe dieser Art schränken jedoch den Wert des vorliegenden Buches keineswegs ein. Sie zeigen vielmehr, wie schwierig häufig selbst für den Fachübersetzer das Auffinden des richtigen entsprechenden Begriffes ist. Um so dankbarer werden Wissenschaftler und Ingenieure die vorliegende Zusammenstellung begrüßen, weil ihnen die sachlich richtige Übersetzung meist noch viel schwerer fällt. *F. Winkler*

Untersuchungen über die Quersprödigkeit neuer Synthesefasern sowie über die Beziehung zwischen Querschnittsform bzw. -aufbau und Quersprödigkeit bei Synthesefasern. Von *Paul-August Koch, Günter Feier* und *Burkard Hoffmann.* Forschungsberichte des Landes Nordrhein-Westfalen. Nr. 2299. Opladen: Westdeutscher Verlag 1973. ISBN 3-531-02299-7. 45 S. DM 12,50.

In dem Forschungsbericht wird gezeigt, daß die von dem einen der Verfasser (*Koch*) vor 25 Jahren entwickelte Methode zur Bestimmung des Bruchverdrehungswinkels an Fasern und Elementarfäden auch heute noch ihre Bedeutung als Faserstoff-Kriterium besitzt.
Der Forschungsbericht befaßt sich in erster Linie mit einem neuentwickelten Gerät zur Bestimmung des Quersprödigkeitswinkels, der den Komplementärwert zum Bruchverdrehungswinkel darstellt. Hierbei sind nicht nur elektronische Bauelemente eingesetzt worden, die zu einer hohen Genauigkeit des Gerätes führen, es wurde auch eine Datenerfassungseinheit und der mögliche Anschluß eines Lochstreifenstanzers vorgesehen. Die zur Berechnung des Quersprödigkeitswinkels erforderlichen Beziehungen werden sowohl für Fasern und Elementarfäden mit kreisförmigem Querschnitt angegeben, als auch durch Einführen von Formfaktoren für nicht allseitig symmetrische Querschnittsformen. Mit den durchgeführten Untersuchungen konnte gezeigt werden, daß sich die verschiedensten Synthesefaserstoffe (z. B. PA 6, PA 6.6, PA 11, PA 12, PE), neue Polyamidfaserstoffe (z. B. QIANA, NOMEX), runde und profilierte Faserquerschnitte (z. B. ENKA-PERLON, TREVIRA) sowie Bikomponentenfaserstoffe (z. B. CANTRECE, CANTONA SL, TEIJIN S 28) mit Hilfe des Quersprödigkeitswinkels gut unterscheidbar sind. *F. Winkler*

Dyeing of Synthetic Fibers. Von *Keith Hohnson.* New Jersye/London: Noyes Data Corp. 1974 XI, 332 S. Kunststoffeinb. $ 36.

Von verschiedenen Seiten wird auf die Notwendigkeit hingewiesen, die Informationsflut in geeigneter Weise aufzuarbeiten und einem größeren interessierenden Leserkreis zugänglich zu machen. Die einschlägige Fachliteratur kann diesem Anliegen nur bedingt gerecht werden. Deshalb ist es zu begrüßen, wenn kurze sachliche Vorstellungen eben unter dem Gesichtspunkt einer spezifischen Wertung bekannt werden. Der vorliegende Band „Dyeing of Synthetic Fibers" erfüllt seinen Zweck insofern, als er — fußend auf der Originalliteratur der US-Patente — die Fortschritte in diesem sehr komplizierten und technisch doch sehr beweglichem Gebiet demonstriert. Wenn auch nur teilweise bereits in der Praxis verwirklicht, so bieten sich dem aufmerksamen Leser doch eine Fülle von Anregungen eventuell auch für eigene Entwicklungen. Dies gilt nicht nur für den Faserstoffhersteller; auch der Veredler wird mit neuen Applikationsmöglichkeiten konfrontiert. Letztlich kann der Faserhersteller durch geeignete Auswahl der Zusatzkomponenten, z. B. in Polymermischungen, und durch geeignete Cokomponenten dem allgemeinen Problem des Färbens neue Akzente geben.
Das Buch gibt das, was die Autoren beabsichtigen:

— einen Überblick zur Dynamik im Bereich der Veredlung,
— einen Ausblick in offene Probleme und
— eine Demonstration der Entwicklung chemischer Technologie. *Daniel*

Light Scattering from Polymer Solutions. Hgg. von *M. B. Huglin.* London/New York: Academic Press 1972, XIII, 885 S. Kunststoffeinb. £ 14.50.

Das Buch ist von einem Kollektiv namhafter Autoren verfaßt, wobei jedes einzelne Kapitel den großen Erfahrungsschatz des Autors auf seinem Spezialgebiet widerspiegelt. Der Rahmen des Buches ist sehr weit gespannt und reicht von der Erörterung apparativer Details über Fragen der Präparation der Lösungen, der Auswertung der Meßergebnisse, der Diskussion der theoretischen Grundlagen bis zur Betrachtung von speziellen Polymer/Lösungsmittel-Systemen.
Das Buch ist in 18 Kapitel untergliedert. Die ersten sechs Kapitel beschäftigen sich mit der Präparation und Reinigung der Lösungen, dem apparativen Aufbau und der Absoluteichung von Streulichtphotometern, der Bestimmung der Brechungsinkremente und der Auswertung von Streulichtmessungen. Dabei ist die Fülle spezieller Informationen beeindruckend. So umfassen z. B. die Angaben über die Werte von Brechungsinkrementen über 250 Polymere in verschiedenen Lösungsmitteln, und in dem Kapitel zur Auswertung von Streulichtmessungen werden verschiedene, fertige Computerprogramme in Fortran angegeben. Die Kapitel 7 bis 12 behandeln die theoretischen Grundlagen der zur Interpretation von Streulichtmessungen wichtigen Effekte. Kapitel 7 ist der Diskussion der Partikelstreufunktionen gewidmet, wobei der Einfluß der Partikelform, der Polydispersität, des excluded volume effects, der Verzweigung und der Anisotropie betrachtet wird. Die nächsten beiden Kapitel befassen sich mit dem Verhalten mäßig konzentrierter Lösungen und dem Studium von Assoziations- und Aggregationseffekten mit Hilfe der Lichtstreuung. Kapitel 10 und 11 behandeln die Lichtstreuung an Polymer/Polymer/Lösungsmittel-Systemen und an Copolymeren. In Kapitel 12 werden der Einfluß von Temperatur und Druck auf die Streuintensität betrachtet und konstruktive Einzelheiten über ein entsprechendes Streulichtphotometer angegeben. Kapitel 13 gibt einen umfassenden Überblick über die Methode der Lichtstreuung im elektrischen Feld, die eine wesentliche Erweiterung der Standardmethode darstellt. In den Kapiteln 14 bis 17 wer-

den spezielle Polymerlösungsmittelsysteme behandelt stereoreguläre Polymere, Mischlösungsmittelsysteme, Polyelektrolytlösungen, Biopolymere. Das letzte Kapitel behandelt die Bestimmung der rel. Molekülmasse durch Trübungstitration.

Zusammenfassend kann man sagen, daß das Buch einen umfangreichen Erfahrungsschatz repräsentiert und den Wissensstand auf dem Gebiet der Lichtstreuung an Lösungen bis 1970 in vollem Umfang widerspiegelt. Dabei sind die einzelnen Kapitel in sich geschlossen verfaßt, so daß der Leser sich mühelos sofort über spezielle Probleme detailliert informieren kann. Das Buch schließt eine seit vielen Jahren bestehende Lücke und ist sowohl den Studenten der höheren Semester als auch besonders den auf dem Fachgebiet der Polymerforschung, Biophysik und Biochemie tätigen Wissenschaftler zu empfehlen. Man könnte es vielleicht als die „Bibel der Zerstreuung" bezeichnen.

Herbert Dautzenberg

Patentschau

Auszug aus der Lieferung 6/1974 der Patentschau „Faserstoffe und Textiltechnik", Ausgabe A: Chemiefaserstoffe einschl. Polymere und org. Ausgangsstoffe, zusammengestellt von der Abteilung Information und Dokumentation des Instituts für Polymerenchemie der AdW der DDR, 153 Teltow-Seehof, Kantstr. 55

Die Patentschau ist nach der Internationalen Patentklassifikation (IPC) gegliedert. Es bedeuten: DLP = DDR-Patent; DTP = Deutsches Bundespatent; DTA = (West)Deutsche Auslegeschrift; DTO = (West)Deutsche Offenlegungsschrift; OEP = Oesterreichisches Patent; POP = Polnisches Patent; CHP = Schweizer Patent; FRP = Französisches Patent; GBP = Britisches Patent; JAP = Japanisches Patent; SWP = Schwedisches Patent; SUP = Sowjetisches Patent; CSP = Tschechoslowakisches Patent; USP = Amerikanisches Patent; A. = Anmeldedatum, O. bzw. B. = Tag der Ausgabe der Patent-, Offenlegungs- bzw. Auslegeschrift.

Sektion B. Arbeitsverfahren

B 01. Physikalische und chemische Verfahren und Vorrichtungen im allgemeinen

B 01j. Chemische und/oder physikalische Verfahren, z. B. Katalyse, Colloidchemie; entsprechende Geräte

USP 3770656. Verfahren zur Herstellung von Titantrichlorid-Aluminiumtrichlorid in kontrollierten Verhältnissen. Erf.: *Arthur P. Haag* u. *Weiner, Meyer*. Inh.: Dart Industries Inc., Los Angeles, Calif. A. 9. 2. 70, B. 6. 11. 73. Kl.: 252-442, Int. Kl.: B 01j 11/78. 8 Anspr. A.-Z.: 9613. Entspr. FRP 2080969.

B 29. Verarbeiten von Kunststoffen; Verarbeiten von Stoffen in plastischem Zustand im allgemeinem; Verarbeiten von Stoffen, soweit nicht anderweitig vorgesehen

B 29c. Formen oder Verbinden von Kunststoffen; Formen oder Verbinden von Stoffen in plastischem Zustand im allgemeinen; Verarbeiten von plastischem Altmaterial

USP 3770856. Herstellung von feinen Faserstrukturen. Erf.: *Shiro Ueki* u. *Tadayuki Fukada*. Inh.: Kabushiki Kaisha Oji Yuka Goseishi Kenkyujo, Tokyo-to (JA). A. 3. 9. 71, B. 6. 11. 73. Kl.: 264-13, Int. Kl.: B 29c 23/00. 10 Anspr. A.-Z.: 177865. Prior.: 8. 9. 70 (JA; A.-Z.: 45/78). Entspr. DTO 2144409, FRP 2107346 u. GBP 1336915.

B 65. Fördern, Packen, Lagern; Handhaben dünner oder fadenförmiger Werkstoffe

B 65h. Behandeln von dünnem oder fadenförmigem Gut, z. B. Folien, Gewebe, Kabel

SUP 417361 (Urheberschein). Vorrichtung zur automatischen Stabilisierung von Fadenspannungen. Erf.: *P. V. Polzik* u. 6 weitere. Anm.: Belorusskij technologičeskij institut im. S. M. Kirova; u. Svetlogorskij zavod iskusstvennogo volokna. A. 4. 3. 71, B. 28. 2. 74. Inst. Kl.: B 65h 59/40. A.-Z.: 1629989/28 – 12.

Sektion C. Chemie und Metallurgie

CHEMIE

C0 1. Anorganische Chemie

C 01b. Nicht-metallische Elemente, Metalloide und ihre Verbindungen, außer den unter C 01c aufgeführten

USP 3772429. Behandlung von Kohlenstoffasern. Erf.: *Malcolm Basche* u. *Daniel A. Scola*. Inh.: United Aircraft Corp., East Hartford, Conn. A. 18. 6. 70, B. 13. 11. 73. Kl.: 423-447, Int. Kl.: C 01b 31/07. 3 Anspr. A.-Z.: 47491.

C 03. Glas; Mineral- und Schlackenwolle

C 03b. Herstellung, Formgebung und Nachbehandlungsverfahren

DTO 2341406. Verfahren und Vorrichtung zum Rückgewinnen von Glasfasern aus Glasfaservliesabfällen. Erf.: *Martin Lindberg*. Anm.: A. Ahlström OY, Noormarkku (SF). A. 16. 8. 73, B. 14. 3. 74. Kl.: 32a, 37/00, Int. Kl.: C 03b 37/00. A.-Z.: P 2341406. Prior.: 4. 9. 72 (SF; A.-Z.: 2440/72).

C 07. Organische Chemie

C 07c. Acyclische und carbocyclische Verbindungen

SUP 415252 (Urheberschein). Verfahren zur Reinigung von Terephthalsäure. Erf.: *E. I. Eruchimovič* u. 5 weitere. Anm.: Vsesojuznyi naučno-issledovatel'skij i proektnyj institut monomerov. A. 6. 5. 72, B. 15. 2. 74. Int. Kl.: C 07c 63/26, 51/42. A.-Z.: 1781697/23 – 4.

CHP 547805. Verfahren zur Reinigung von Lactamen. Erf.: *Ruthild Henn, Hans-Joachim Schultze* u. *Clau Berther*. Inh.: Inventa AG für Forschung und Patentverwertung, Zürich (CH). A. 1. 10. 70. Int. Kl.: C 07d 41/06. A.-Z.: 14550/70. Entspr. DTO 2148717 u. FRP 2112238.

C 08. Makromolekulare Verbindungen; ihre Herstellung und chemische Verarbeitung; auf diesen Verbindungen beruhende Gemische

C 08f. Polymerisationsprodukte

DLP 103447. Reaktor zur kontinuierlichen Polymerisation. Erf. u. Inh.: *Nikolai Alexandrovich Mikhalev* u. *Boris Petrovich Shtarkman*. A. 16. 3. 71, B. 20. 1. 74. Kl.: 39b4, 1/98, Int. Kl.: C 08f 1/98. A.-Z.: WP C 08f/936560.

GBP 1348655. Katalysatoren zur Polymerisation von Olefinen. Inh.: Montecatini Edison S.p.A. A. 19. 5. 71, B. 20. 3. 74. Kl.: C3.P, Int. Kl.: C 08f 1/56, A.-Z.: 15733/71. Prior.: 22. 5. 70 (IT; A.-Z.: 24956, 24957, 24958, 24959). Entspr. DLP 94066, FRP 2095024 u. CSP 152396.

USP 3770712. Dispersionsverfahren zur Herstellung von Styrolhomopolymeren und -blockcopolymeren unter Verwendung eines anionischen Katalysators. Erf.: *Frederick C. Schwab*. Inh.: Mobil Oil Corp. A. 12. 5. 71, B. 6. 11. 73. Kl.: 260-93,5, Int. Kl.: C 08f 1/09. 10 Anspr. A.-Z.: 142821.

USP 3779992. Copolymerisation von Äthylen mit anderen Vinylmonomeren in wäßriger Emulsion. Erf.: *Joseph K. Liu* u. *Maurice Douek*. Inh.: Gulf Oil Canada Ltd., Toronto, Ontario (CA). A. 13. 9. 71, B. 18. 12. 73. Kl.: 260-63 UY, Int. Kl.: C 08f 1/13. 19 Anspr. A.-Z.: 180076. Entspr. FRP 2152905.

USP 3780011. Katalysator und katalytisches Verfahren. Erf.: *Thomas J. Pullukat* u. *Mitsuzo Shida*. Inh.: Chemplex Co., Rolling Meadows, Ill. A. 9. 4. 71, B. 18. 12. 73. Kl.: 260-94,9 D, Int. Kl.: C 08f 1/70, 3/06, 3/08. 23 Anspr. A.-Z.: 132907. Entspr. FRP 2132707 u. GBP 1334662.

SUP 416952. Verfahren zur Herstellung von Homopolymeren und Copolymeren des Vinylchlorids. Erf.: *Shinitshi Kojanagi, Haime Kitamura, Kinija Ogawa* u. *Kenitshi Tagutshi* (JA). Anm.: Shinetsu Chemical Co. (JA). A. 22. 12. 70, B. 25. 2. 74. Int. Kl.: C 08f 3/30, 15/02. A.-Z.: 1603512/23 – 5. Prior.: 23. 12. 69, 29. 12. 69 (JA; A.-Z.: 44-103005, 45-1310). Entspr. DTO 2062948.

SUP 417952. Verfahren zur Herstellung von Polyolefinen. Erf.: *Paolo Longi, Umberto Giannini, Domenico Deluca, Romano Mazzocci* u. *Bruno Pivotti* (IT). Anm.: Montecatini Edison S.p.A. (IT). A. 28. 7. 70, B. 28. 2. 74. Int. Kl.: C 08f 3/06, 15/04, A.-Z.: 1454405/1478689/23 – 5. Prior.: 31. 7. 69 (IT; A.-Z.: 20358-A/69). Entspr. DLP 84477, OEP 303378 u. FRP 2055692.

CSP 153515. Verfahren zur Polymerisation von Äthylen oder Gemischen von Äthylen und höheren Olefinen und/oder Diolefinen. Erf.: *Ermanno Susa* u. *Adolfo Mayr*. A. 6. 5. 69, B. 25. 7. 73. Kl.: 39b, 25/01, Int. Kl.: C 08f 3/06. A.-Z.: 3204/69. Prior.: 6. 6. 68 (IT; A.-Z.: 16141 A/68). Entspr. FRP 2007884, GBP 1264040 u. USP 3634384.

USP 3780007. Polymerisation von Vinylidenfluorid in wäßriger Suspension. Erf.: *John P. Stallings*, Inh.: Diamond Shamrock Corp., Cleveland, Ohio. A. 6. 1. 72, B. 18. 12. 73. Kl.: 260-92,1 R, Int. Kl.: C 08f 3/22. 11 Anspr. A.-Z.: 215938 (Zus. z. Pat. m. A.-Z.: 887754. A. 23. 12. 69). A.-Z.: 887754 entspr. FRP 2073490 u. GBP 1271909.

USP 3787365. Verfahren zur Substanzpolymerisation von Acrylnitril. Erf.: *Paolo Melacini, Luigi Patron, Alberto Moretti* u. *Raffaele Tedesco*. Inh.: Montefibre S.p.A., Mailand (IT). A. 23. 4. 71, B. 22. 1. 74. Kl.: 260-63 N, Int. Kl.: C 08f 3/76, 15/22. 8 Anspr. A.-Z.: 136901. Prior.: 28. 4. 70 (IT; A.-Z.: 23963/70). Entspr. DLP 93633, DTO 2120337, CHP 543544, FRP 2090767 u. GBP 1337162.

USP 3772260. Hochmolekulare substituierte Copolymere und Verfahren zu deren Herstellung. Erf.: *Gino Dall'Asta, Pietro Meneghini* u. *Ugo Gennaro*. Inh.: Montecatini Edison S.p.A., Mailand (IT). A. 14. 10. 71, B. 13. 11. 73. Kl.: 260-88,2 F, Int. Kl.: C 08f 7/00. 7 Anspr. A.-Z.: 189341. Prior.: 17. 10. 70 (IT; A.-Z.: 31097/70). Entspr. GBP 1343216.

DTO 1720335. Verfahren zum Herstellen von Mischpolymerisaten des Äthylens. Erf.: *Klaus Kinkel, Helmut Pfannmüller, Georg Schmidt-Thomee, Franz Georg Mietzner* u. *Volker Gierth*. Anm.: BASF AG, 6700 Ludwigshafen (DT). A. 21. 12. 67, B. 21. 3. 74. Kl.: 39b4, 15/40, Int. Kl.: C 08f 15/40. A.-Z.: P 1720335. Entspr. OEP 290116, CHP 516606, FRP 1596991 u. GBP 1240508.

GBP 1348838. Flammfeste Copolymere und daraus hergestellte Modacrylfaserstoffe. Inh.: Asahi Kasei Kogyo K. K. A. 21. 10. 71, B. 27. 3. 74. Kl.: C3.P, B3.B, Int. Kl.: C 08f 15/40, 47/00, D 01f 7/02. A.-Z.: 48977/71. Prior.: 5.11.70 (JA; A.-Z.: 96831). Entspr. DTO 2154676 u. FRP 2112470.

USP 3770494. Modifizierte Acrylnitrilpolymerfasern. Erf.: *Yoshihisa Shichijo, Yasushi Ichikawa, Yoshiharu Sugaya* u. *Takeshi Ueda*. Inh.: Asahi Kasei Kogyo Kabushiki Kaisha, Osaka (JA). A. 16. 12. 70, B. 6. 11. 73. Kl.: 117-138.8 UA, Int. Kl.: D 06m 15/36, B 32b 27/30. 4 Anspr. A.-Z.: 98891. Prior.: 18. 12. 69 (JA; A.-Z.: 44/101285).

DLP 103452. Verfahren zur Herstellung von modifiziertem Polyäthylen mit einer höheren Vernetzungsausbeute bei der Einwirkung von Gamma-Strahlung. Erf.: *Mario Bruzzone* u. *Roberto Paiella*. Inh.: Snam Progetti S.p.A. (IT). A. 23. 11. 72, B. 20. 1. 74. Kl.: 39b4, 27/00, Int. Kl.: C 08f 27/00. A.-Z.: AP C 08f/167133. Prior.: 26. 11. 71 (IT; A.-Z.: 31733 A/71). Entspr. DTO 2257111 u. FRP 2160937.

OEP 315483. Verfahren zur Herstellung von stabilisierten Olefinterpolymeren. Erf.: *Sergio Arrighetti, Sebastiano Cesca, Giuseppe Ghetti* u. *Eugenio Vajna*. Inh.: Snam Progetti S.p.A., Mailand (IT). A. 28. 7. 72, B. 15. 9 .73. Kl.: 39b, 12, Int. Kl.: C 08f 27/18. A.-Z.: 6523/72. Prior.: 31. 7. 71 (IT; A.-Z.: 27014 A/71). Entspr. DLP 100480 u. DTO 2237573.

USP 3780138. Verfahren zum Abtrennen von Metallverunreinigungen von organischen Polymeren. Erf.: *Howard L. Hassell, James C. Watson* u. *Benjamin W. Shaw*. Inh.: Shell Oil Co., New York, N. Y. A. 14. 9. 71, B. 18. 12. 73. Kl.: 260-880 B, Int. Kl.: C 08f 27/24. 8 Anspr. A.-Z.: 180526. Entspr. DTO 2244682 u. FRP 2152875.

USP 3781247. Pyrolysenpolymerisationskatalysator. Erf.: *Eugene A. Burns* u. *Robert J. Jones*. Inh.: TRW Inc., Redondo Beach, Calif. A. 1. 2. 72, B. 25. 12. 73. Kl.: 260-78,4 D, Int. Kl.: C 08f 27/00. 6 Anspr. A.-Z.: 222692.

GBP 1347212. Polyvinylalkoholfestkörper und Kompositionen zu ihrer Herstellung. Inh.: Hayashibara, K. A. 14. 2. 72, B. 20. 2. 74. Kl.: C3.P, C3.U, Int. Kl.: C 08f 29/30, C 08b 25/02, 27/42, 19/04. A.-Z.: 6742/72. Prior.: 15. 2. 71 (JA; A.-Z.: 6133). Entspr. DTO 2206950 u. FRP 2125490.

USP 3789047. Äthylencopolymerdispersionen zum Flammfestausrüsten und damit beschichtete Faserstoffe. Erf.: *Gerfried Pruckmayr*. Inh.: E. I. du Pont de Nemours & Co., Wilmington, Del. A. 25. 10. 72, B. 29. 1. 74. Kl.: 260-28,5 R, Int. Kl.: C 08f 45/30. 2 Anspr. A.-Z.: 300812 (Zus. z. Pat. m. A.-Z.: 176303. A. 30. 8. 71; u. Pat. m. A.-Z.: 827175. A. 23. 5. 69). Prior.: 21. 5. 70 (CA; A.-Z.: 83383). A.-Z.: 827175 entspr. DTO 2025066 u GBP 1292888.

USP 3770852. Polyolefinharz-Mischungen. Erf.: *Jerome E. Hager* u. *John I. Eisenhauer*. Inh.: National Distillers and Chemical Corp., New York, N. Y. A. 12. 4. 66, B. 6. 11. 73. Kl.: 260-897 B, Int. Kl.: C 08f 37/18. 4 Anspr. A.-Z.: 541978. Entspr. FRP 1526331.

CSP 153194 (Urheberschein). Synergetische Gemische zur Stabilisierung von Polymeren, Copolymeren und Mischpolymeren von α-Olefinen. Erf.: *Jiří Pác*, *Drahomír Ryšavý* u. *Miloš Uhlíř*. Inh.: Výzkumný ústav makromolekulární chemie, Brno. A. 12. 6. 69, B. 25. 7. 73. Kl.: 39c, 25/01. Int. Kl.: C 08f 45/58. A.-Z.: 4148/69. Entspr. DTO 2028752 u. GBP 1313538.

USP 3772245. Stabilisierung von Polyolefinen mit organischen Hydrazinverbindungen und phenolischen Antioxydantien. Erf.: *Martin Dexter*. Inh.: Ciba-Geigy Corp., Ardsley, N. Y. A. 8. 3. 72, B. 13. 11. 73. Kl.: 260-45,85 N, Int. Kl.: C 08f 45/58. 15 Anspr. A.-Z.: 232959 (Zus. z. Pat. m. A.-Z.: 28048. A. 13. 4. 70; u. Pat. m. A.-Z.: 811664. A. 28. 3. 69). A.-Z.: 28048 u. 811664 vgl. auch USP 3773722, A.-Z.: 232959 entspr. FRP 2175125. A.-Z.: 811664 entspr. CHP 522018 u. FRP 2040089.

OEP 315490. Verfahren zur Herstellung nichtwässeriger Polymerisatdispersionen. Erf.: *Kurt Nordberg*. Inh.: Vianova Kunstharz AG, Wien (OE). A. 26. 7. 72, B. 15. 9. 73. Kl.: 39b, 14, Int. Kl.: C 08f 47/20. A.-Z.: 6422/72. Entspr. DTO 2334084.

C 08g. Polykondensations- und Polyadditionsprodukte

SUP 417448 (Urheberschein). Verfahren zur Herstellung allylhaltiger Oligoester. Erf.: *V. G. Lundina* u. *A. I. Tarasov*. Anm.: Institut chimii Ural'skogo naučnogo centra AN SSSR. A. 23. 10. 72, B. 28. 2. 74. Int. Kl.: C 08g 17/10, 17/013. A.-Z.: 1839392/23 – 5.

USP 3781245. Mit Titanhydrid katalysierte Polyesterpolykondensation. Erf.: *Yoshio Itabashi*, *Susumu Saito* u. *Masao Seki*. Inh.: Kanebo Ltd., Tokio (JA). A. 10. 3. 72, B. 25. 12. 73. Kl.: 260-75 R, Int. Kl.: C 08g 17/015. 3 Anspr. A.-Z.: 233812 (Zus. z. Pat. m. A.-Z.: 868884. A. 23. 10. 69). Prior.: 25. 10. 68 (JA; A.-Z.: 43/78122, 43/78123). Entspr. DTO 1953706, FRP 2021615 u. GBP 1283247.

CHP 548429. Verfahren zur anionischen katalytischen Polymerisation von Lactamen. Erf.: *Jozef Lambertus Maria Van Der Loos* u. *Peter Joseph Maria Wilhelmus Claassen*. Inh.: Stamicarbon N. V., Van der Maesenstraat 2, Heerlen (NL). A. 22. 1. 71, Int. Kl.: C 08g 20/18. A.-Z.: 994/71. Prior.: 24. 1. 70 (NL; A.-Z.: 7001021). Entspr. DTO 2103004, GBP 1332405 u. USP 3770689.

USP 3770689. Verfahren zur anionischen katalytischen Polymerisation von Lactamen. Erf.: *Josef L. M. van der Loos* u. *Peter J. M. W. Claassen*. Inh.: Stamicarbon N. V., Heerlen (NL). A. 21. 1. 71, B. 6. 11. 73. Kl.: 260-33,2 R, Int. Kl.: C 08g 20/18. 7 Anspr. A.-Z.: 108583. Prior.: 24. 1. 70 (NL; A.-Z.: 7001021). Entspr. DTO 2103004, CHP 548429 u. GBP 1 332 405.

USP 3778411. Polyamidsäuren und Polyamidimide. Erf.: *Carl M. Emerick* u. *Denis R. Pauze*. Inh.: General Electric Co. A. 30. 7. 71, B. 11. 12. 73. Kl.: 260-65, Int. Kl.: C 08g 20/32. 7 Anspr. A.-Z.: 167837.

USP 3784495. Bei Zimmertemperatur lösliche, in der Schmelze kondensierte Polyamidzwischenpolymere. Erf.: *Jerome William Sprauer*. Inh.: E. I. du Pont de Nemours & Co., Wilmington, Del. A. 16. 12. 71, B. 8. 1. 74. Kl.: 260-18 N, Int. Kl.: C 08g 20/20. 6 Anspr. A.-Z.: 208930. Entspr. DTO 2261525.

USP 3787375. Hochmolekulare, hochschmelzende lineare Polyamide aus trans, trans-4,4,-Diaminobicyclohexyl. Erf.: *Ronald Gene Blecke*. Inh.: Gulf Research & Development Co., Pittsburgh, Pa. A. 13. 10. 71, B. 22. 1. 74. Kl.: 260-78 R, Int. Kl.: C 08g 20/20. 5 Anspr. A.-Z.: 189035. Entspr. DTO 2 249 908.

GBP 1347962. Herstellung von Poly-as-triazinen. Inh.: Boeing Co. A. 21. 8. 72, B. 27. 2. 74. Kl.: C3.R, Int. Kl.: C 08g 33/02. A.-Z.: 38828/72.

USP 3783137. Verfahren zur Herstellung heterocyclischer Polymerer aus aromatischen Tetraminen und Polycarbonsäurederivaten. Erf.: *Arthur H. Gerber*. Inh.: Horizons Inc.; Horizons Research Inc. A. 9. 6. 71, B. 1. 1. 74. Kl.: 260-47 CP, Int. Kl.: C 08g 33/02. 15 Anspr. A.-Z.: 151603. Entspr. DTO 2228073.

SUP 414278 (Urheberschein). Vorrichtung zur Herstellung von Polycaproamid. Erf.: *G. A. Illenko* u. *V. P. Bulanov*. A. 17. 8. 71, B. 5. 2. 74. Int. Kl.: C 08g 35/00. A.-Z.: 1691706/23 – 5.

USP 3772405. Verfahren zur Herstellung aromatische Diester enthaltender Copolyester und dabei erhaltene Produkte. Erf.: *Frederick L. Hamb*. Inh.: Eastman Kodak Co., Rochester, N. Y. A. 2. 2. 72, B. 13. 11. 73. Kl.: 260-860, Int. Kl.: C 08g 39/10. 20 Anspr. A.-Z.: 222977. Entspr. DTO 2261503 u. FRP 2170166.

USP 3787524. Eine Sulfonsäure/Polyäther-Reaktionsprodukt enthaltende antistatische Polyamidfaser. Erf.: *Lamberto Crescentini*, *Rodney Lee Wells*, *Stanley David Lazarus* u. *Gene Clyde Weedon*. Inh.: Allied Chemical Corp., Morristown, N. J. A. 29. 9. 72, B. 22. 1. 74. Kl.: 260-857 PG, Int. Kl.: C 08g 41/04. 10 Anspr. A.-Z.: 293613.

USP 3787525. Herstellung von Polyurethanpulvern unter Verwendung von Polyvinylpyrrolidon mit Seitenketten aus der Copolymerisation mit alkylierten Olefinen. Erf.: *John J. McGarr*. Inh.: USM Corp., Boston, Mass. A. 7. 8. 72, B. 22. 1. 74. Kl.: 260-859 R, Int. Kl.: C 08g 41/04. 10 Anspr. A.-Z.: 278611. Entspr. DTO 2330601.

GBP 1346117. Kondensationsprodukte von siliciumhaltigen Aminen mit Epoxidverbindungen enthaltenden Polysiloxanemulsionen. Inh.: Rhône-Poulenc S. A. A. 25. 11. 71, B. 6. 2. 74. Kl.: C3.T, C3.B, D1.P, Int. Kl.: C 08g 47/10, 30/14, D 06m 15/66. A.-Z.: 54856/71. Prior.: 26. 11. 70 (FR; A.-Z.: 7042483).

USP 3770693 (ausgesch. aus Pat. 3594387. A. 9. 10. 64. A.-Z.: 402951). Stabilisierung von Polyesterurethanen mit 2-Iminooxazolidinen. Erf.: *Sidney H. Metzger*. Inh.: Baychem Corp., New York, N. Y. A.1. 12. 7, B. 6. 11. 73. Kl.: 260-45,8 NZ, Int. Kl.: C 08g 51/60. 4 Anspr. A.-Z.: 94180. A.-Z.: 402951 entspr. FRP 1450919, GBP 1114146 u. GBP 1115150.

USP 3779981 (ausgesch. aus Pat. 3652326. A. 3. 4. 70. A.-Z.: 25584). Schlichtkomposition und damit behandelte Glasfasern. Erf.: *John E. Ward*. Inh.: Owens-Corning Fiberglas Corp. A. 15. 11. 71, B. 18. 12. 73. Kl.: 260-40 R, Int. Kl.: C 08g 51/10. 10 Anspr. A.-Z.: 198940.

USP 3787353. Stabiliesirte Polyoxymethylenkompositionen. Erf.: *Takami Ishii*, *Toshio Yoshikawa*, *Toshihiro Inaike*, *Kazuhiro Kuroda*, *Kunio Kido* u. *Kiyoaki Tokunaga*. Inh.: Ube Industries, Ltd., Ube-shi, Yamaguchi-ken (JA). A. 1. 6. 71, B. 22. 1. 74. Kl.: 260-45,9 P, Int. Kl.: C 08g 51/58, 51/60. 18 Anspr. A.-Z.: 148978. Prior.: 2. 6. 70 (JA; A.-Z.: 45/46926). Entspr. DTO 2126760, FRP 2093983 u. GBP 1326449.

CHP 548437. Verfahren zur Herstellung von Polyamid-Formkörpern. Erf.: *Pieter Jan van Asperen* u. *Jozef Lambertus Maria Van der Loos*. Inh.: Stamicarbon N. V., Van der Maesenstraat 2, Heerlen (NL). A. 2. 6. 70. Int. Kl.: C 08g 53/14. A.-Z.: 8230/70. Prior.: 3. 6. 69 (NL; A.-Z.: 6908380). Entspr. DTO 2026672.

CHP 548428. Verfahren zur Herstellung von hochmolekularem Polyoxymethylen. Erf.: *Jacob Ackermann* u. *Pierino Radici*. Inh.: Società Italiana Resine S.p.A., Via Grazioli 33, Mailand (IT). A. 3. 11. 71. Int. Kl.: C08g1/00. A.-Z.: 16025/71. Prior.: 12. 11. 70 (IT; A.-Z.: 31631 A/70). Entspr. DTO 2156112, FRP 2113918 u. USP 3786026.

USP 3772251. Aromatische fluoraliphatisch verbundene Polysulfonatester. Erf.: *Harvey A. Brown*. Inh.: Minnesota Mining and Manufacturing Co., St. Paul, Minn. A. 30. 10. 72, B. 13. 11. 73. Kl.: 260-49, Int. Kl.: C 08g 5/02. 2 Anspr. A.-Z.: 301836.

GBP 1348146. Polyester. Inh.: Imperial Chemical Industries Ltd. A. 17. 5. 71, B. 13. 3. 74. Kl.: C3.R, Int. Kl.: C 08g 17/015. A.-Z.: 15270/71. Entspr. DTO 2224088 u. FRP 2137973.

C 08k. Zusatzstoffe für allgemeine Anwendung

CSP 153204 (Urheberschein). Stabilisierung von synthetischen und natürlichen Polymeren. Erf.: *Jiří Pác*, *Drahomír Ryšavý* u. *Miloš Uhlíř*. Inh.: Výzkumný ústav makromolekulární chemie, Brno. A. 2. 10. 69, B. 25. 7. 73. Kl.: 39c, 16, 39c, 6, 39c, 25/01, 39c, 25/5, Int. Kl.: C 08g 51/58, C 08c 13/08, C 08d 11/04, C 08f 45/58. A.-Z.: 6596/69. Entspr. DTO 2028752 u. GBP 1313538.

USP 3784565. Stabilisatoren für chlorhaltige Polymere. Erf.: *Richard G. Parker*. Inh.: B. F. Goodrich Co., New York, N. Y. A. 29. 10. 71, B. 8. 1. 74. Kl.: 260-482 R, Int. Kl.: C 07c 101/28. 4 Anspr. A.-Z.: 193998.

Sektion D. Textilien und Papier

TEXTILIEN

D 01. Natürliche oder künstliche Fäden oder Fasern; Spinnen

D 01d. Mechanische Verfahren und Vorrichtungen für die Herstellung von künstlichen Fäden, Gespinsten, Fasern, Borsten oder Bändern

DLP 103668. Spinndüsenzwischenplatte. Erf. u. Inh.: *Joachim Zimpel* u. *Knut Gläser*. A. 5. 4. 73, B. 5. 2. 74. Kl.: 29a, 6/10, Int. Kl.: D 01d 3/00. A.-Z.: WP D 01d/169954.

CSP 153370 (Urheberschein). Düse zur Erzeugung von Hohlfasern. Erf.: *Jan Moravec* u. *Oldřich Jirsák*. Inh.: Palackého universita — Fakulta přírodovědecká, Olomouc. A. 9. 3. 71, B. 24. 5. 73. Kl.: 29a, 6/10, Int. Kl.: D 01d 3/00. A.-Z.: 1703/71.

DLP 103375. Verfahren zur Herstellung von spezifisch leichten, voluminösen Spinnvliesen. Erf. u. Inh.: *Christoph Michels* u. *Horst Bürger* (DL). A. 17. 7. 70, B. 20. 1. 74. Kl.: 29a, 6/31, Int. Kl.: D 04h 13/00. A.-Z.: WP D 04h/148900.

GBP 1346103. Verfahren zur Herstellung von exzentrisch angeordneten Kernmantelbikomponentenfäden. Inh.: Imperial Chemical Industries Ltd. A. 18. 6. 71, B. 6. 2. 74. Kl.: B5.B, Int. Kl.: D 01d 3/00, 5/10, D 01f 7/04. A.-Z.: 28765/71. Entspr. DTO 2229881 u. FRP 2142055.

GBP 1346182. Textilverfahren und Vorrichtung. Inh.: Ernest Scragg & Sons Ltd. A. 18. 2. 71, B. 6. 2. 74. Kl.: B5.B, Int. Kl.: D 01d 5/22, B 29d 7/24. A.-Z.: 4910/71. Entspr. DTO 2207157 u. FRP 2125545.

GBP 1349249. Herstellung von Fäden durch Fibrillierung eines Films. Inh.: Ernest Scragg & Sons Ltd. A. 29. 11. 71, B. 3. 4. 74. Kl.: B5.B, B5.A, Int. Kl.: D 01d 5/00, B 28d 15/00. A.-Z.: 56960/70.

CSP 153347 (Urheberschein). Zweikomponenten-Polyolefinfasern mit latenter Kräuselfähigkeit. Erf.: *Bohumil Piller*, *František Ševčik* u. *Ivan Klusáček*. Inh.: Výzkumný ústav pletařský, Brno. A. 29. 10. 65, B. 24. 5. 73. Kl.: 29a, 6/20, Int. Kl.: D 02g 3/04. A.-Z.: 6478/65.

USP 3770861. Nach Aufbringen eines Diesters eines Polyäthylenglykols ausgezeichnet reckbare Polyesterfäden. Erf.: *Yutaka Hirano*, *Tadayuki Yamane* u. *Syozi Matsumoto*. Inh.: Kuraray Co. Ltd., Kurashiki City, Okayama Prefecture (JA). A. 19. 11. 70, B. 6. 11. 73. Kl.: 264-130, Int. Kl.: B 29c 17/02. 2 Anspr. A.-Z.: 90931. Prior.: 22. 11. 69, 25. 12. 69 (JA; A.-Z.: 44/93741, 44/1097). Entspr. DTO 2057572 u. GBP 1319145.

USP 3781399. Verfahren zur Herstellung einer Verbundfaser. Erf.: *Hidehiko Kobayashi*, *Kiichiro Sasaguri* u. *Masaaki Shiga*. Inh.: Asahi Kasei Kogyo Kabushiki Kaisha, Osaka (JA). A. 16. 9. 69, B. 25. 12. 73. Kl.: 264-171, Int. Kl.: B 29f 3/10. 2 Anspr. A.-Z.: 858295. Prior.: 2. 10. 68, 1. 11. 68 (JA; A.-Z.: 43/71742, 43/79271, 43/79272). Entspr. DTO 1947608, FRP 2019711 u. GBP 1287945.

DTO 2242362. Vorrichtung zum Aufspulen kontinuierlich zugeführter Fäden aus schmelzgesponnenen Hochpolymeren. Erf.: *Rolf Zinßer* u. *Rolf Dietrich*. Anm.: Davy-Ashmore AG, 6000 Frankfurt (DT). A. 29. 8. 72, B. 14. 3. 74. Kl.: 29a, 6/01, Int. Kl.: D 01d 7/00. A.-Z.: P 2242362.

SUP 413682. Vorrichtung zur Nachbehandlung naßgesponnener Fäden. Erf.: *Sigeo Kazujama*, *Azumi Asami*, *Masachide Watanabe*, *Tsutomi Sato*, *Tosiaki Norimazu* u. *Eidzo Nakadzima*. Anm.: Asahi Kasei Kogyo Kabushiki Kaisha (JA). A. 3. 12. 69, B. 30. 1. 74. Int. Kl.: D 01d 13/00. A.-Z.: 1381551/28 – 12. Prior.: 3. 12. 68 (JA; A.-Z.: 88229/1968). Entspr. FRP 2025139 u. GBP 1297775.

D 01f. Chemische Gesichtspunkte bei der Herstellung von künstlichen Fäden, Gespinsten, Fasern, Borsten oder Bändern

SUP 412309 (Urheberschein). Verfahren zur Herstellung von Viskosefasern. Erf.: *V. E. Bronovickij* u. 4 weitere. A. 23. 6. 69, B. 25. 1. 74. Int. Kl.: D 01f 3/14. A.-Z.: 1341436/23 – 5.

DLP 103933. Verfahren zur Herstellung von Polyamidborsten und -drähten mit verbesserten mechanischen Eigenschaften. Erf. u. Inh.: *Klaus Dietrich*, *Heinz Versäumer*, *Gerhard Reinisch* u. *Kurt Lange*. A. 15. 5. 73, B. 12. 2. 74. Kl.: 29b, 3/60, Int. Kl.: D 01f 7/04. A.-Z.: WP D 01f/170816.

DTO 2241822. Synthesefadenstrang, Verfahren zu seiner Herstellung und Vorrichtung zur Durchführung des Herstellungsverfahrens. Erf.: *Noboru Ogushi, Takashi Hiramatsu, Ikuo Igami, Akira Aoki, Aichi Inazawa, Shogo Tanaka, Toshiro Seki* u. *Takao Inoue*. Anm.: Mitsubishi Rayon Co., Ltd., Tokio (JA). A. 25. 8. 72, B. 28. 3. 74. Kl.: 29b, 3/10, Int. Kl.: D 01f 7/00. A.-Z.: P 2241822.

GBP 1349372. Verfahren zur chemischen Modifizierung von Polyacrylnitrilfaserstoffen. Inh.: Textilkombinat Cottbus, VEB. A. 28. 4. 71, B. 3. 4. 74. Kl.: B5.B, C3.G, Int. Kl.: D 01f 7/02, 7/06, C 08f 1/24, 25/00. A.-Z.: 11849/71.

SWP 364532. Verfahren zur Herstellung von Polypropylenfaserstoffen durch Strangspritzen, Kräuseln sowie Wärmebehandlung. Erf.: *B. Beghelli* u. *P. Camprincoli*. Inh.: Montecatini Edison S.p.A., Mailand (IT). A. 2. 7. 69, B. 26. 2. 74. Int. Kl.: D 01f 7/02. A.-Z.: 9375/69. Prior.: 4. 7. 68 (IT; A.-Z.: 18563). Entspr. DTO 1933708, FRP 2014506 u. CSP 150271.

D 02. Garne; mechanische Veredlung von Garnen oder Seilen; Schären oder Bäumen

D 02g. Kräuseln oder Krimpfen (Texturieren) von Fasern, Fäden, Zwirnen oder Garnen; Garne oder Zwirne

DTO 2242763. Garn für Falschdraht-Texturierung. Erf.: *Jerry Bruce McKay*. Anm.: E. I. du Pont de Nemours and Co., Wilmington, Del. (US). A. 31. 8. 72, B. 7. 3. 74. Kl.: 29a, 6/20, 76c, 31, Int. Kl.: D 02g 100/, 3/00. A.-Z.: P 2242763.

DTO 2243859. Stauchkräuselvorrichtung. Erf.: *Alexander Lubomir Trifunovic*. Anm.: Joseph Bancroft & Sons Co., Wilmington, Del. (US). A. 7. 9. 72, B. 14. 3. 74. Kl.: 29a, 6/20, Int. Kl.: D 02g 1/12. A.-Z.: P 2243859.

DTO 2344046. Verfahren zum kontinuierlichen Schrumpfen von synthetischen Garnen und Vorrichtung zur Durchführung des Verfahrens. Erf.: *Collaussig Giampolo*. Anm.: Officine Savio S.p.A., Pordenone (IT). A. 31. 8. 73, B. 28. 3. 74. Kl.: 29a, 6/20, Int. Kl.: D 02g 1/12. A.-Z.: P 2344046. Prior.: 8. 9. 72 (IT; A.-Z.: 83404 A/72).

CHP 548462. Wirbelstromdüse für die Herstellung von texturiertem Bauschgarn aus Multifilamentgarn. Erf.: *Herbert J. Pike*. Inh.: J. P. Stevens & Co., Inc., 1185 Avenue of the Americas, New York (US). A. 25. 2. 72. Int. Kl.: D 02g 1/16, D 01h 7/92. A.-Z.: 2734/72.

USP 3771307. Recken und Bauschen von Polyestergarnen. Erf.: *Dennis G. Petrille*. Inh.: E. I. du Pont de Nemours & Co., Wilmington, Del. A. 24. 8. 71, B. 13. 11. 73. Kl.: 57-157 TS, Int. Kl.: D 02g 1/02. 2 Anspr. A.-Z.: 174430. Entspr. DTO 2241718 u. FRP 2151896.

USP 3780404. Verfahren und Vorrichtung zur Garntexturierung. Erf. u. Inh.: *Charles P. Mazzone*, 16 Pine St., Dover, N. J. A. 13. 10. 72, B. 25. 12. 73. Kl.: 28-1,3, Int. Kl.: D 02g 1/20. 10 Anspr. A.-Z.: 297566 (Zus. z. Pat. m. A.-Z.: 266184. A. 26. 6. 72). A.-Z.: 266184 entspr. DTO 1495596. Entspr. DTO 2331509.

GBP 1348068. Flammfester Verbundfaden und daraus hergestellte Gewebe. Inh.: Chiarotto, N. A. 19. 4. 71, B. 13. 3. 74. Kl.: D1.W, Int. Kl.: D 02g 3/00, 3/04, 3/18, 3/36. A.-Z.: 24440/71. Prior.: 17. 3. 70, 3. 7. 70, 12. 11. 70 (IT; A.-Z.: 22050, 26982, 31683). Entspr. CHP 527299.

D 02j. Veredeln oder Ausrüsten von Fäden, Garnen, Zwirnen, Schnüren, Seilen od. dgl.

CSP 153212 (Urheberschein). Vorrichtung zum Recken von Fasern. Erf.: *Zdeněk Zapletal*. Inh.: Výzkumný ústav textilního strojírenství, Liberec. A. 16. 1. 70, B. 25. 7. 73. Kl.: 29a, 6/06, Int. Kl.: D 01d 5/16. A.-Z.: 334/70.

USP 3778873. Verfahren und Vorrichtung zur Herstellung von Bikomponentenfäden und die dabei erhaltenen Fäden. Erf.: *Walter Conti* u. *Pasquale Corsini*. Inh.: Snam Progetti S.p.A., San Donato, Milanese (IT). A. 10. 6. 71, B. 18. 12. 73. Kl.: 28-72,3, Int. Kl.: D 02j 1/22, D 02g 1/18. 3 Anspr. A.-Z.: 151860. Prior.: 10. 6. 70 (IT; A.-Z.: 25751 A/70). Entspr. DTO 2128748, FRP 2096054 u. GBP 1344491.

GBP 1349495. Vorrichtung zur Wärmebehandlung von synthetischen Fäden. Inh.: Kodaira, N. A. 14. 3. 72, B. 3. 4. 74. Kl.: D1.F, B5.B, Int. Kl.: D 02j 13/00. A.-Z.: 11727/72.

PAPIER

D 21. Papierherstellung; Gewinnung von Cellulose bzw. Zellstoff

D 21c. Gewinnung von Cellulose durch Abscheiden nichtcelluloseartiger Substanzen von cellulosehaltigen Stoffen; Wiedergewinnung der Zellstoffablaugen; Vorrichtungen dafür

SUP 416430 (Urheberschein). Verfahren zur Herstellung von Zellstoff oder Halbzellstoff. Erf.: *N. S. Kozlov* u. 8 weitere. Anm.: Institut fizikoorganičeskoj chimii AN Belorusskoj SSR; u. Židačevskij kartonnobumažnyj kombinat im. 50-letija Velikoj Oktjabr'skoj socialističeskoj revoljucii. A. 27. 12. 71, B. 25. 2. 74. Int. Kl.: D 21c 3/02. A.-Z.: 1730083/23–4.

DLP 103376. Verfahren zur Herstellung von nichtfaserförmigen, in Wasser unlöslichen Celluloseprodukten. Erf. u. Inh.: *Vazgen Jacopian, Günther Magister, Peter Müller, Burkart Philipp, Wolfgang Reich* u. *Harry Schleicher*. A. 24. 3. 72, B. 20. 1. 74. Kl.: 55b, 1/01, Int. Kl.: D 21c 5/00. A.-Z.: WP D 21c/161777.

SUP 414339 (Urheberschein). Verfahren zur Zellstoffbleiche. Erf.: *G. L. Akim*. Anm.: Vsesojuznoe naučn-oproizvodstvennoe ob'edinenie celljulozno-bumažnoj promyšlennosti. A. 11. 9. 72, B. 5. 2. 74. Int. Kl.: D 21c 9/10. A.-Z.: 1828202/23–4.

Sektion G. Physik

G 01. Messen; Prüfen

G 01n. Untersuchen der chemischen oder physikalischen Eigenschaften von Stoffen

USP 3788138. Textilprüfvorrichtung zur Messung des Querschnitts von Vorgespinsten und Faserbändern und besonders zur Feststellung von Querschnittsverlusten. Erf.: *Eduard Heusser*. Inh.: Zellweger Ltd., Uster (CH). A. 27. 8. 71, B. 29. 1. 74. Kl.: 73-160, Int. Kl.: G 01n 27/24. 5 Anspr. A.-Z.: 175683.

SUP 416608 (Urheberschein). Vorrichtung zur zweiparametrigen akustischen Kontrolle mechanischer Widerstände von Polymermaterial. Erf.: *I. A. Spincis*. Anm.: Institut mechaniki polimerov AN Latvijskoj SSR. A. 6. 7. 71, B. 25. 2. 74. Int. Kl.: G 01n 29/04. A.-Z.: 1678108/25–28.

Literaturschau

Auszug aus Lieferung 12/1974 der Literaturschau „Faserstoffe und Textiltechnik", zusammengestellt von der Abteilung Information und Dokumentation des Instituts für Polymerenchemie der AdW der DDR, 153 Teltow-Seehof, Kantstr. 55

I. Polymerwissenschaft

Calvin, M.: Biopolymere: Ursprung, Chemie und Biologie. Internat. J. polymeric Materials **2** (1973) 4, S. 291–318.

Analyse- und Untersuchungsmethoden

Kajiwara, K., Ribeiro, C. A. M.: Eigenschaften verdünnter Lösungen von statistisch verzweigten Polymersystemen. I. Der Teilchenstreuungsfaktor. Macromolecules Washington **7** (1974) 1, S. 121–128.

Mitsuda, Y., Schrag, J. L., Ferry, J. D.: Abschätzung von langkettiger Verzweigung in Äthylen-Propylen-Terpolymeren aus den viskoelastischen Eigenschaften bei unendlicher Verdünnung. J. appl. Polymer Sci. **18** (1974) 1, S. 193–202.

Trojanovskij, I. E.: Über die Existenz einer Lösung für die Aufgabe von Cauchy im Falle einer Integraldifferentialgleichung der Viskoelastizität. Mech. Polimerov, Riga (Mech. Polymere) (1974) 2, S. 353–355.

Knickmeyer, W. W., Peace, B. W., Mayhan, K. G.: Dichtebestimmung von rf-Plasma-Polymeren. J. appl. Polymer Sci. **18** (1974) 1, S. 301–303.

Lyerla, J. R., jr., McIntire, H. M., Torchia, D. A.: ^{13}KMR-Untersuchung der Bewegung von Alkanen. Macromolecules, Washington 7 (1974) 1, S. 11–14.

Bahl, S. K., Cornell, D. D., Boerio, F. J.: Interpretation der Vibrationsspektren von Polyäthylenterephthalat. J. Polymer Sci.: Polymer Letters **12** (1974) 1, S. 13–19.

Wu-Nan Huang, Frederick, J. E.: Bestimmung der intramolekularen Bewegung in einem statistischen Knäuel-Polymeren mit Hilfe der quasielastischen Lichtstreuung. Macromolecules, Washington **7** (1974) 1, S. 34–39.

Ermolaev, V. A., Zacharov, N. D., Černych, Z. V.: Automatische Vorrichtung für die Untersuchung kurzzeitiger Relaxationsvorgänge in Polymeren. Mech. Polimerov, Riga (Mech. Polymere) (1974) 2, S. 378.

Kreutzer, H.: Automatische Schnellbestimmung von Stickstoff in organischen Substanzen, insbesondere in Proteinen. GIT. Fachz. Laboratorium **18** (1974) 4, S. 353–355.

Celeževič, V. N., Rotenberg, I. M.: Analyse von Hydroxyäthylierungsprodukten der Alkalicellulose. Zavodsk. Labor. (Betriebslabor) **40** (1974) 4, S. 378–379.

Abdel-Alim, A. H., Hamielec, A. E.: GPC-Eichung für wasserlösliche Polymere. J. appl. Polymer Sci. **18** (1974) 1, S. 297–300.

Šilov, G. I.: Kolorimetrische Bestimmung von Natrium-Alkylmonosulfonat in E-Polyvinylchlorid. Plast. massy (Plast. Massen) (1974) 4, S. 75–76.

Fehrmann, U., Schnabel, W.: Über die gel-chromatographische Bestimmung von Wasser in Kohlenwasserstoffen. Fresenius' Z. analyt. Chemie **269** (1974) 2, S. 116–118.

Felter, R. E.: Direkte Messung von an $CaCO_3$ adsorbiertem PVC. J. Polymer Sci.: Polymer Letters Ed. **12** (1974) 1, S. 7–11.

Horii, F., Ikada, Y.: Trennung von Pfropfreaktionsprodukten durch Säulenadsorptionschromatographie. J. Polymer Sci.: Polymer Letters Ed. **12** (1974) 1, S. 27–29.

Pusey, D. F. G.: Die Rolle der stationären Phase in der Gaschromatographie. Proc. Soc. analyt. Chem. **11** (1974) 5, S. 108–111.

Unger, A., Poller, S.: Quantitative Auswertung von Dünnschichtchromatogrammen wichtiger Monosaccharide. Faserforsch. u. Textiltechnik/Z. Polymerforsch. **25** (1974) 6, S. 268–270.

Maron, S. H., Filisko, F. E.: Modifiziertes Tian-Calvet-Mikrokalorimeter für Messungen des Lösens von Polymeren. J. macromol. Sci., B: Physics **6** (1972) 1, S. 57–77.

Knözinger, E., Renz, H.: Molekulargewichtsbestimmung von Makromolekülen mit Hilfe der Ultrazentrifugation. Chem. Ztg. **98** (1974) 4, S. 194–202.

Voelter, W., Bauer, H., Hofmann, W. U.: Hydrolyse- und Trennmethoden von Kohlenhydraten. Teil 2. GIT. Fachz. Laboratorium **18** (1974) 4, S. 331–334; 5, S. 444, 446.

Wallisch, K. L.: Pyrolyse von statistischen und Blockcopolymeren aus Äthylacrylat und Methylmethacrylat. J. appl. Polymer Sci. **18** (1974) 1, S. 203–222.

Ausgangsstoffe. Monomere und Oligomere

Aleksandrov, V. N., Pugačeva, S. A., Gitis, S. S.: Einfluß der Zusammensetzung des Lösungsmittels auf die Oxydation von 3,3',4,4'-Tetramethyldiphenylsulfon und Durol. Chim. Prom. Moskva (Chem. Ind.) (1974) 5, S. 73(393).

Lineare Polymere mit Kohlenstoffkette

Goldštejns, A. Ja., Dolacis, Ja. A., Zavicka, R. F.: Über die Ausbreitung von Ultraschall-Wellen in einem Polymerisationsmedium. Mech .Polimerov, Riga (Mech. Polymere) (1974) 2, S. 204–208.

Saegusa, T., Kobayashi, S., Kimura, Y.: Polymerisation via Betaine. II. Alternierende Copolymerisation von 2-Oxazolin mit β-Lactonen. III. Alternierende Copolymerisation von 2-Oxazolin mit Acrylsäure unter Protonenübertragung der Säure. Macromolecules, Washington **7** (1974) 1, S. 1–4, 139–140.

Trubicyna, S. N., Margaritova, M. F., Askarov, M. A.: Untersuchung der Polymerisation von Vinylmonomeren in Gegenwart eines kationenaktiven polymeren Emulgators. Vysokomol. Soed. (Hochmol. Verbind.), Serija A **16** (1974) 4, S. 713–717.

Imoto, M., Ouchi, T., Tanaka, T.: Vinylpolymerisation. Radikalische Polymerisation von Methylmethacrylat mit Ferrocen und Tetrachlorkohlenstoff in Gegenwart von Cellulose und Kupfer(II)-chlorid. J. Polymer Letters Ed. **12** (1974) 1, S. 21–26.

Henrici-Olivé, G., Olivé, S.: Äthylenoligomerisation mit Ziegler-Katalysatoren. Geschwindigkeitskonstanten der β-H-Eliminierung. J. Polymer Sci.: Polymer Letters Ed. **12** (1974) 1, S. 39–44.

Nedorezova, P. M., Cvetkova, V. I., Čirkov, N. M.: Polymerisation von Äthylen in Gegenwart von $(C_5H_7O_2)_2TiCl_2$ und $(C_2H_5)_2AlCl$. Vysokomol. Soed. (Hochmol. Verbind.), Serija A **16** (1974) 4, S. 762–767.

Gohlke, U., TinWin, Reinisch, G.: Zur Synthese bifunktioneller Polybutadiene mit hohem 1,4-Strukturanteil und enger Verteilung der relativen Molekülmasse. Teil 1. Faserforsch. u. Textiltechnik/Z. Polymerforsch. **25** (1974) 5, S. 191–197.

Devaleriola, M., Desreux, V.: Modifiziertes Dilatometer für Polymerisationen. J. appl. Polymer Sci. **18** (1974) 1, S. 305–307.

Sandner, B., Fritzsche, P., Linow, K.-J.: Untersuchungen zum Mechanismus der alternierenden Copolymerisation von Acrylnitril als Bestandteil von Donator/Akzeptor-Komplexen. Faserforsch. u. Textiltechnik/Z. Polymerforsch. **25** (1974) 5, S. 219–221.

Tonojan, A. O., Arutjunjan, Ch. A., Davtjan, S. P., Rozenberg, B. A., Enikolopjan, N. S.: Adiabatische Polymerisation von Methylmethacrylat und Styrol unter Initiierung mit einem Gemisch von Initiatoren. Vysokomol. Soed. (Hochmol. Verbind.), Serija A **16** (1974) 4, S. 768–771.

Žerebin, Ju. L., Ivančev, S. S., Domareva, N. M.: Herstellung von Blockcopolymeren unter Anwendung von oligoperoxydischen Initiatoren mit unterschiedlich thermisch beständigen Peroxidgruppen. Vysokomol. Soed. (Hochmol. Verbind.), Serija A **16** (1974) 4, S. 893–901.

Ivančev, S. S., Pavljučenko, V. N., Rožkova, D. A.: Polymerisation von Styrol in einer mit Tensiden vom Alkamontyp stabilisierten Emulsion. Vysokomol. Soed. (Hochmol. Verbind.), Serija A **16** (1974) 4, S. 835–839.

Ivančev, S. S., Žerebin, Ju. L.: Radikalische Polymerisation von Styrol unter Beteiligung von Makromolekülen bei der Initiierung. Vysokomol. Soed. (Hochmol. Verbind.), Serija A **16** (1974) 4, S. 829–834.

Yasukawa, T., Takahashi, T., Murakami, K.: Lösungsmitteleffekte bei Rekombinationsprozessen von Polystyrolradikalen. J. chem. Physics **59** (1973) 8 (Teil I), S. 3937–3939.

Shirota, Y., Yoshimura, M., Matsumoto, A., Mikawa, H.: Mechanismus der Ladungsübertragungspolymerisation. VI. Alternierende radikalische Copolymerisation von N-Vinylcarbazol mit Elektronenakzeptor-Monomeren. Macromolecules, Washington **7** (1974) 1, S. 4–11.

Lineare Polymere mit Heterokette

Ivanova, S. L., Kurašev, V. V., Korčagina, M. A.: Synthese von Polymeren durch aktivierte anionische Polymerisation von ω-Dodecalactam und einige ihrer Eigenschaften. Plast. Massy (Plast. Massen) (1974) 4, S. 8–10.

Ljudvig, E. B., Sanina, G. S., Chomjakov, A. K.: Inhibierende Wirkung von Ketonen bei der kationischen Polymerisation von β-Propiolacton. Vysokomol. Soed. (Hochmol. Verbind.), Serija A **16** (1974) 4, S. 801–806.

Smirnov, Ju. N., Volkov, V. P., Olejnik, È. F., Komarov, B. A., Rozenberg, B. A., Enikolopjan, N. S.: Über den Initiierungsmechanismus der Polymerisation von Trioxan in Gegenwart von Tritvliumsalzen. Vysokomol. Soed. (Hochmol. Verbind.), Serija A **16** (1974) 4, S. 735–741.

Barzykina, R. A., Komratov, G. N., Korovina, G. V., Èntelis, S. G.: Bestimmung der Konzentration an aktiven Zentren bei der kationischen Polymerisation cyclischer Äther. Vysokomol. Soed. (Hochmol. Verbind.), Serija A **16** (1974) 4, S. 906–909.

Cyclische Polymere

Tvorogov, N. N., Berlin, A. A., Balickaja, L. G.: Kinetik der Allylpolymerisation. Polymerisation von Triallylcyanurat. Vysokomol. Soed. (Hochmol. Verbind.), Serija A **16** (1974) 4, S. 840–848.

Bekasova, N. I. u. a.: Polyheteroarylene mit Carborangruppen in der Molekülkette. Nuova Chimica, Milano **50** (1974) 4, S. 47–49.

Koršak, V. V., Bekasova, N. I., Vagin, V. V., Izyneev, A. A.: Untersuchung der Umsetzung von m-Carborandicarbonsäurechlorid mit aromatischen Tetraaminen. Vysokomol. Soed. (Hochmol. Verbind.), Serija A **16** (1974) 4, S. 718–721.

Karjakin, N. V., Rabinovič, I. B., Koršak, V. V., Rusanov, A. L., Tuguši, D. S., Močalov, A. N., Sapožnikov, V. N.: Thermodynamik der Synthese von Poly-[2,2′-(p-phenylen)-1,1′-diphenyl-5,5′-dibenzimidazol] durch intramolekulare Cyclodehydratation von Poly-[N-terephthaloyl-bis-(N′-phenyl-o-di-phenylamin)]. Vysokomol. Soed. (Hochmol. Verbind.), Serija A **16** (1974) 4, S. 691–697.

Pljusnin, A. N., Krjažev, Ju. G., Loginova, N. A., Titova, L. M.: Polykondensationskinetik von p-Dichlorbenzol unter Einwirkung von Lithium in Tetrahydrofuran als Medium. Vysokomol. Soed. (Hochmol. Verbind.), Serija A **16** (1974) 4, S. 786–789.

Chemische Umsetzungen an Polymeren

Kirjuchin, V. P., Milinčuk, V. K.: Strahlungschemische Ausbeute an paramagnetischen Zentren in Polymeren. Vysokomol. Soed. (Hochmol. Verbind.), Serija A **16** (1974) 4, S. 816–820.

Polymeranaloge Reaktionen

Schleicher, H., Lukanoff, B., Philipp, B.: Einfluß der Celluloseausgangsstruktur und Voraktivierung auf den Verlauf einer Cyanäthylierung. Faserforsch. u. Textiltechnik/Z. Polymerforsch. **25** (1974) 5, S. 179–183.

Overberger, Ch. G., Sannes, K. N.: Organische Chemie der Makromoleküle. Internat. J. polymeric Materials **2** (1973) 4, S. 271–289.

Abbaureaktionen

Gur'janova, V. V., Bljumenfel'd, A. B., Said-Galiev, È. E., Percova, T. L., Kovarskaja, B. M.: Ermittlung von Oxydationsvorgängen beim Photoabbau von Polymeren mit Heterokette. Vysokomol. Soed. (Hochmol. Verbind.), Serija A **16** (1974) 4, S. 909–911.

Kromajte, R. M., Lavrov, S. V., Oksent'evič, L. A., Vasil'eva, I. V., Telešov, È. N., Pravednikov, A. N.: Thermischer Abbau von Polypyromellithiminoimiden im Vakuum. Vysokomol. Soed. (Hochmol. Verbind.), Serija A **16** (1974) 4, S. 870–875.

Butomo, L. A., Kondrašov, È. K.: Einfluß der UV-Strahlung auf die Eigenschaften von Trifluorchloräthylen-Vinylidenfluorid-Copolymeren. Plast. Massy (Plast. Massen) (1974) 4, S. 78.

Physik und physikalische Chemie von Polymeren

Philipp, B.: Prozesse an Polymerstrukturen als eine künftige Hauptrichtung der Polymerforschung. Plaste u. Kautschuk **21** (1974) 5, S. 322–328.

Kyselka, A.: Eine Bemerkung zur Born/Green/Yvon-Methode in der Theorie von Polymerketten. J. chem. Physics **59** (1973) 11 (Teil 2,) S. 6187–6188.

Bazúa, E. R., Williams, M. C.: Molekulare Formulierung der Eigenviskosität in der Polymerdynamik und Spannungssymmetrie. J. chem. Physics **59** (1973) 6 (Teil I), S. 2858–2868.

Rogovski, T. A., Šul'gin, S. P., Gorbis, Z. R.: Zur Bestimmung von Fließkurven nicht-Newtonscher Flüssigkeiten in einem Kapillarviskosimeter. Mech. Polimerov, Riga (Mech. Polymere) (1974) 2, S. 377–378.

Holzmüller, W.: Fließvorgänge in Plasten bei konstanter und zeitabhängiger Scher- und Zugbeanspruchung. Plaste u. Kautschuk **21** (1974) 5, S. 329–333.

Bartenev, G. M., Kuznečikova, V. V.: Rheologische Eigenschaften und Wärmeeffekte beim Fließen von Elastomeren. Vysokomol. Soed. (Hochmol. Verbind.), Serija A **16** (1974) 4, S. 854–858.

Simonova, M. I., Ajzenštejn, È. M.: Bestimmung der relativen Molekülmasse von durch Polykondensation in fester Phase hergestelltem Polyäthylenterephthalat. Zavodsk. Labor. (Betriebslabor) **40** (1974) 4, S. 455.

Heublein, G.: Zum Einfluß von Elektronenakzeptoren auf die Wachstumsreaktion der kationischen Polymerisation. Plaste u. Kautschuk **21** (1974) 5, S. 334–337.

Kosobukin, V. A.: Über die Notwendigkeit der Berücksichtigung aller Freiheitsgrade bei der Analyse der Verformungen einer Polymerkette. Mech. Polimerov, Riga (Mech. Polymere) (1974) 2, S. 348–351.

Kranbuehl, D. E., Verdier, P. H., Spencer, J. M.: Relaxation der Gestaltfluktuation einer statistisch geknäuelten Polymerkette. J. chem. Physics **59** (1973) 7 (Teil 2), S. 3861–3862.

Polymere Festkörper

Malkin, A. Ja., Gončarenko, V. V., Šumskij, V. F.: Vergleich des Fließens viskoelastischer Medien bei Schub und bei Dehnung. Mech. Polimerov, Riga (Mech. Polymere) (1974) 2, S. 328–332.

Powell, J. W., Chartoff, R. P.: Viskoelastische Eigenschaften und Stabilität von BBL-Leiterpolymeren. J. appl. Polymer Sci. **18** (1974) 1, S. 83–91.

Zachmann, H. G.: Der kristalline Zustand makromolekularer Stoffe. Angew. Chemie **86** (1974) 8, S. 283–291.

Zurabjan, R. S., Baranov, V. G., Frenkel', S. Ja.: Mono- und multimolekulare Keimbildung bei der Kristallisation von Polymeren. Mech. Polimerov, Riga (Mech. Polymere) (1974) 2, S. 351–353.

Flory, P. J.: Molekülkonfiguration in amorphen Polymeren. Internat. J. polymeric Materials **2** (1973) 4, S. 335.

Boyer, R. F.: Änderung der Einfriertemperaturen von Polymeren mit der relativen Molekülmasse. Macromolecules, Washington **7** (1974) 1, S. 142 bis 143.

Panov, V. P., Žbankov, R. G.: Theoretische Untersuchung möglicher Konformationszustände bei Cellulosetriacetat. Vysokomol. Soed. (Hochmol. Verbind.), Serija A **16** (1974) 4, S. 807–815.

Yannas, I. V.: Übergang vom linearen zum nichtlinearen viskoelastischen Verhalten. III. Linearität unterhalb und oberhalb von T_g. J. macromol. Sci., B: Physics **6** (1972) 1, S. 91–100.

Richards, R. C., Kramer, E. J.: Interpretation des durch Spannungsalterungsbehandlung von Polymeren induzierten Yield-Abfalls. J. macromol. Sci., B: Physics **6** (1972) 1, S. 229–242.

Sengupta, A. K., Singh, R. K., Majumdar, A.: Einfluß des Reckens und Texturierens auf die Verteilung der relativen Molekülmasse von PA-6-Seidengarnen. Textile Res. J. **44** (1974) 3, S. 155–163.

Frayer, P. D., Koenig, J. L., Lando, J. B.: IR-Untersuchung der Kettenfaltung in Polymeren. X. Polycaprolactam. J. macromol. Sci., B: Physics **6** (1972) 1, S. 129–149.

Ozerkovskij, B. V.: Strukturmodifikationen von Polydioxolan und Polyoxymethylen. Vysokomol. Soed. (Hochmol. Verbind.), Serija A **16** (1974) 4, S. 698–704.

Bobrov, B. S., Parmanin, O. A.: Über die Temperatur-Zeit-Abhängigkeit der Festigkeit einiger Polyolefine. Mech. Polimerov, Riga (Mech. Polymere) (1974) 2, S. 376–377.

Ginzburg, B. M., Kurbanov, K. B., Rašidov, D.: Einfluß der Dehnung entlang der c-Texturachse von hochorientierten Polyäthylenfolien auf die Kleinwinkel- bzw. Weitwinkel-Röntgenstreuung. Mech. Polimerov, Riga (Mech. Polymere) (1974) 2, S. 375.

Gol'dman, A. Ja., Grinman, A. M.: Variante der Temperatur-Zeit-Analogie für partiell kristalline Polymere (Polyäthylen hoher Dichte). Mech. Polimerov, Riga (Mech. Polymere) (1974) 2, S. 261–269.

Davies, G. R., Owen, A. J., Ward, I. M., Gupta, V. B.: Interlamellare Scherung in anisotropen Polyäthylenfolien. J. macromol. Sci., B: Physics **6** (1972) 1, S. 215–228.

Kapanin, V. V., Lemanik, O. B., Rejtlinger, S. A.: Bestimmung des Gasdurchlässigkeitskoeffizienten bei Polymerfolien mit Hilfe eines Chromatographen. Vysokomol. Soed. (Hochmol. Verbind.), Serija A **16** (1974) 4, S. 911–913.

Gribov, L. A., Žitlova, I. V., Kondratov, O. I.: Berechnung der IR-Absorptionskurve von Polyäthylenglykoladipat. Optika i Spektroskopija **36** (1974) 5, S. 911–915.

Èmirova, I. V., Zacharov, V. A., Vermel', E. E., Ermakov, Ju. I.: Übermolekulare Struktur von durch Polymerisation in Gegenwart von Titantrichlorid hergestelltem Polypropylen. Plast. Massy (Plast. Massen) (1974) 4, S. 11–12.

Andrianova, G. P., Efimov, A. V., Styrikovič, N. M., Kozlov, P. V.: Einfluß der Plastifizierung auf die Verformungseigenschaften von kristallinem Polypropylen. Vysokomol. Soed. (Hochmol. Verbind.), Serija A **16** (1974) 4, S. 705–712.

Mencik, Z.: Kristallstrukur von isotaktischem Polypropylen. J. macromol. Sci., B: Physics **6** (1972) 1, S. 101–115.

Andrews, E. H.: Struktur-Eigenschaftsbeziehungen in einem Polymeren. Internat. J. polymeric Materials **2** (1973) 4, S. 337–359.

Bunijat-Zade, A. A., Ismajlov, T. M., Bilalov, Ja. M., Svjatoduchov, B. P.: Bestimmung des freien Volumens und der Einfriertemperatur von Polyolefinen aus den bei dilatometrischen Untersuchungen erzielten Angaben. Plast. Massy (Plast. Massen) (1974) 4, S. 70–73.

Hirooka, M., Kato, T.: Einfriertemperatur und Sequenzstruktur äquimolarer Copolymerer. J. Polymer Sci.: Polymer Letters **12** (1974) 1, S. 31–37.

Chiu-Hsiung Hwo, Johnson, J. F.: Empirische Korrelation der Fließeigenschaften von Polyvinylchlorid. J. appl. Polymer Sci. **18** (1974) 1, S. 45–51.

Martin, J. R., Johnson, J. F.: Polyvinylchlorid: Viskoelastische und Ermüdungseigenschaften als Funktion der relativen Molekülmasse in Äthanoldampf. J. appl. Polymer Sci. **18** (1974) 1, S. 257–266.

Rabolt, J. F., Johnson, K. W.: Niederfrequenzschwingungen in Polyvinylidenfluorid (Form II). J. chem. Physics **59** (1973) 7 (Teil 2) S. 3710–3712.

Lim, T., Sauer, J. A.: Mechanische Relaxation in strahlungschemisch polymerisiertem Vinylstearat. J. macromol. Sci., B: Physics **6** (1972) 1, S. 191–213.

Kamagata, K., Toyama, M.: Einfluß der Länge von Verzweigungen auf die kritische Oberflächenspannung von Poly-n-alkylmethacrylaten und Copolymeren von Stearylmethacrylat mit Methacrylnitril. J. appl. Polymer Sci. **18** (1974) 1, S. 167–178.

Klement, J. J., Geil, P. G.: Deformations- und Temperungsverhalten. III. Dünne Filme aus Polycarbonat, isotaktischem Polymethylmethacrylat und isotaktischem Polystyrol. J. macromol. Sci., B: Physics **6** (1972) 1, S. 31–56.

Jacques, C. H. M., Hopfenberg, H. B., Stannett, V.: Der Einfluß der Orientierung auf die Morphologie und die Kinetik der durch Lösungsmittel bewirkten Mikrorißbildung in Polystyrol. J. appl. Polymer Sci. **18** (1974) 1, S. 223–233.

Rele, V. B., Aklonis, J. J.: Relaxation von gedämpften Debye-Gittern: Plastifiziertes Polystyrol. J. Polymer Sci.: Polymer Letters Ed. **12** (1974) 1, S. 1–5.

Polymerschmelzen

Sagalaev, G. V., Ismajlov, T. M., Ragimov, A. M., Machmudov, A. A., Svjatoduchov, B. P.: Konstanten der Zustandsgleichung von Plasten im Fließzustand. Plast. Massy (Plast. Massen) (1974) 4, S. 76–77.

Litvinov, V. G., Gončarenko, V. M.: Bewegung einer nichtlinearen viskoelastischen Flüssigkeit in zylindrischen Kanälen mit dreieckigem Querschnitt. Mech. Polimerov, Riga (Mech. Polymere) (1974) 2, S. 333–339.

Weigel, P., Hirte, R., Ruscher, Ch.: Über die Feinstruktur der Polyamide. IX. Schmelzverhalten von Polycaproamid. Faserforsch. u. Textiltechnik/Z. Polymerforsch. **25** (1974) 5, S. 198–204.

Polymerlösungen und *-dispersionen*

Verdier, P. H.: Monte-Carlo-Untersuchungen von Polymerketten mit Gittermodell. III. Relaxation von Rouse-Koordinaten. J. chem. Physics **59** (1973) 11 (Teil 2), S. 6119–6127.

Rapaport, D. C.: Θ-Bereich einer Polymerkette. Macromolecules, Washington **7** (1974) 1, S. 64–66.

Yamakawa, H., Fujii, M.: Intrinsic-Viskosität von wurmförmigen Ketten. Bestimmung des Verschiebungsfaktors. Macromolecules, Washington, **7** (1974) 1, S. 128–135.

Hoernschemeyer, D.: Der Einfluß des Lösungsmitteltyps auf die Viskosität von konzentrierten Polymerlösungen. J. appl. Polymer Sci. **18** (1974) 1, S. 61–75.

Koningsveld, R., Stockmayer, W. H., Kennedy, J. W., Kleintjens, L. A.: Flüssig-flüssig-Phasentrennung in Multikomponentenpolymersystemen. XI. Verdünnte und konzentrierte Polymerlösungen im Gleichgewicht. Macromolecules, Washington **7** (1974) 1, S. 73–79.

Maron, S. H., Filisko, F. E.: Lösungs- und Verdünnungswärmen von Polyäthylenoxid in verschiedenen Lösungsmitteln. J. macromol. Sci., B: Physics **6** (1972) 1, S. 79–90.

Daniels, Ch. A., Maron, S. H.: Thermodynamisches Verhalten von Polymethylmethacrylatlösungen. J. macromol. Sci., B: Physics **6** (1972) 1, S. 1–14.

Iordanskij, A. L., Serdobov, M. V., Moiseev, Ju. V., Zaikov, G. E.: ESR-Untersuchung der Diffusion einer wäßrigen Vanadylsulfat-Lösung in Polyvinylalkohol. Vysokomol. Soed. (Hochmol. Verbind.), Serija **A 16** (1974) 4, S. 849–853.

Grant, D. H.: Polyvinylidenchlorid-Pyrolyse in N-Methyl-2-pyrrolidonlösung: Bildung paramagnetischer Verbindungen. J. Polymer Sci.: Polymer Letters Ed. **12** (1974) 1, S. 45–48.

Stejskal, E. O., Schaefer, J.: ^{13}C-Charakterisierung der heterogenen Sequenzverteilungen in Styrol-Acrylnitril-Copolymeren. Macromolecules, Washington **7** (1974) 1, S. 14–17.

Utiyama, H., Takenaka, K., Mizumori, M., Fukuda, M.: Lichtstreuungsuntersuchungen eines Styrol-Methylmethacrylat-Zweiblockcopolymeren in verdünnten Lösungen. Macromolecules, Washington **7** (1974) 1, S. 28–34.

Yokota, K., Hirabayashi, T., Takahashi, K.: Die Methylen-^{1}H-KMR-Spektren von alternierenden α-d-Styrol-Acrylester-Copolymeren. J. Polymer Sci.: Polymer Letters Ed. **12** (1974) 1, S. 49–55.

Applikation von Polymeren

Lyman, D. J.: Polymere in der Medizin. Internat. J. polymeric Materials **2** (1973) 4, S. 319–333.

Kozlova, A. A., Nosova, N. I., Grišin, Ė. P., Smirnov, B. P., Malinin, L. N., Kozlov, M. P.: Celluloseester auf Zellstoffbasis für Plaste. Plast. Massy (Plast. Massen) (1974) 4, S. 18–20.

Artemenko, S. E., Rachlevskaja, M. N., Frolenkova, G. Ja.: Mit Viskosefasern verstärkter Organoplast. Plast. Massy (Plast. Massen) (1974) 4, S. 44–45.

Ėl'darov, Ė. G., Akutin, M. S., Bunijat-Zade, A. A., Sereda, Ė. A., Pogosbekova, M. S., Zisman, D. O., Makarov, V. V., Pašinin, B. P.: Verarbeitung von Polyäthylen hoher Dichte unter Berücksichtigung seiner Ausgangskennziffern. Plast. Massy (Plast. Massen) (1974) 4, S. 46–47.

Kuznecov, V. V., Gumen, R. G., Kovriga, V. V., Ėppel', P. Ja.: Einfluß der Arbeitsbedingungen beim Spritzgießen auf die physikalischen und mechanischen Eigenschaften von Polyamid-12. Plast. Massy (Plast. Massen) (1974) 4, S. 32–34.

Alfrey, T.: Mechanische Verarbeitung von thermoplastischen Polymeren. Internat. J. polymeric Materials **2** (1973) 4, S. 361–366.

Sonderfragen

Andrianov, K. A.: Rolle der Akademie der Wissenschaften der UdSSR in der Entwicklung der Chemie von hochmolekularen Verbindungen. Vestnik Akad. Nauk SSSR (Mitt. Akad. Wiss. UdSSR) (1974) 4, S. 19–26.

Flory, P. J.: Die Forderungen an die Polymerwissenschaft. Internat. J. polymeric Materials **2** (1973) 4, S. 265–269.

II. Faserstoffe

Louis, G. L., Legendre, D. C.: Bestimmung von Mischungsprozentsätzen. Textile Ind. **138** (1974) 1, S. 33.

Naturfaserstoffe

Pflanzliche Faserstoffe

Leuteritz, R., Philipp, B.: Morphologische Untersuchungen zur Lösungsacetylierung von Linters. Faserforsch. u. Textiltechnik/Z. Polymerforsch. **25** (1974) 6, S. 242–248.

Chemiefaserstoffe

Bürger, H.: Neue Chemiefaserstoffe in der Produktion der Chemiefaserindustrie der Deutschen Demokratischen Republik. Bekleid. u. Maschenware **13** (1974) 2, S. 59–81.

Welfers, E.: Moderne Herstellungsverfahren von Chemiefasern. Melliand Textilber. internat. **55** (1974) 4, S. 313–317.

Perepelkin, K. E.: Gegenwärtige Vorstellungen über die Struktur, die Spinnprinzipien und die physikalischen Eigenschaften hochorientierter Chemiefaserstoffe. Faserforsch. u. Textiltechnik/Z. Polymerforsch. **25** (1974) 6, S. 251–267.

Chemiezellstoff

Pereira, H., Patt, R., Sinner, M.: Über das Verhalten der Hemicellulosen beim Aufschluß von Fichte mit Magnesiumbisulfitlösung. Paperi ja Puu, Helsinki (Papier u. Holz) **56** (1974) 4a, S. 321–323, 325–326, 329–330, 335–336. (dt.).

Kaszyńska, J.: Schnellmethode zur Cellulosebestimmung in Holz. Przegl. papierniczy (Papier-Rdsch.) **30** (1974) 3(362), S. 87–89.

Regeneratfaserstoffe

Bartsch, D., Purz, H.-J., Paul, D., Gensrich, H.-J., Hicke, H.-G.: Analytische und morphologische Untersuchungen zum Viskose-EHM-Spinnprozeß. Faserforsch. u. Textiltechnik/Z. Polymerforsch. **25** (1974) 5, S. 184–190.

Synthetische Faserstoffe

Dowgielewicz, St.: Neue Perspektiven für Textilrohstoffe aus orientierten Folien. Technik włókienn. (Textiltechn.) **23** (1974) 2, S. 38–44.

Jakob, W., Michels, Ch., Franz, H., Berger, W.: Die Spaltung von Polymermischungsfolien – ein neuer Weg zur Herstellung von Foliefaserstoffen. Faserforsch. u. Textiltechnik/Z. Polymerforsch. **25** (1974) 6, S. 229–234.

Polyamidfaserstoffe

El-Garf, S. A. M., Abou-Steet, Y.: Herstellung von gekräuseltem „MISR-Nylon" durch Reaktion mit Sulfurylchlorid. Faserforsch. u. Textiltechnik/Z. Polymerforsch. **25** (1974) 6, S. 248–251.

Sonstige synthetische Faserstoffe

Fichman, V. D., Krasil'nikova, L. S., Mežirov, M. S.: Untersuchung der Fadenbildung aus Gemischen von Polyvinylchlorid mit verschiedenen Polymeren. Faserforsch. u. Textiltechnik/Z. Polymerforsch. **25** (1974) 6, S. 234–241.

III. Fäden-Herstellungstechnologien

Spinnerei, Zwirnerei

Spinnereivorbereitung

Ursiny, P.: Struktur des Krempelbandes. Textil, Praha **29** (1974) 3, S. 93–97.

Artzt, P., Schreiber, O.: Bestimmung und Abhängigkeit der Kardierkraft an Hochleistungskarden bei Produktionen über 30 kg/h. Melliand Textilber. internat. **55** (1974) 4, S. 317–323.

Spinnerei

Cropper, A. E.: Hakenförmige Fasern während des Kardierens und Streckens. J. Textile Inst. **65** (1974) 4, S. 225–226.

Ważecki, C.: Automatische Abführung von Krempelabfällen. Technik włókienn. (Textiltechn.) **23** (1974) 3, S. 71–72.

Erzeugnisse der Spinnerei und Zwirnerei

Mohamed, M. H., Rochow, T. G., Heeralal, R.: Einige strukturelle und physikalische Eigenschaften von Garnen nach dem integrierten Komposit-Spinnverfahren. Teil II. Drei-Komponenten-Garne. Textile Res. J. **44** (1974) 3, S. 206–213.

IV. Flächengebilde-Herstellungstechnologien

Dittmann, W.: Ergebnisse und Perspektiven der nationalen und internationalen Erzeugnisentwicklung in der Textilindustrie. Bekleid. u. Maschenware **13** (1974) 2, S. 52–56.

Rotter, H.: Durch Dessingestaltung zum rationellen Buntzetteln. Melliand Textilber. internat. **55** (1974) 4, S. 331–334.

Weberei

Weberei-Technologie

Witkowski, I.: Mehrfachwebmaschine – Webmaschine für die nächsten Jahre oder die ferne Zukunft? Technik włókienn. (Textiltechn.) **23** (1974) 2, S. 56–62.

Wirkerei und Strickerei. Konfektion. Sonstige Technologien

Wirkerei- und Strickerei-Technologie

Moderne Fadenliefervorrichtungen für die Strickerei und Wirkerei. Textilbetrieb **92** (1974) 4, S. 35–37.

Erzeugnisse der Wirkerei und Strickerei

Fischer, P.: Zusammenarbeit von Wirkern, Strickern und Veredlern sichert Qualität von Maschenstoffen. Bekleid. u. Maschenware **13** (1974) 2, S. 89.

Amler, H.: Lebenszyklus der Großrundstrickmaschine. Melliand Textilber. internat. **55** (1974) 4, S. 343–344.

Textilverbundstoffe

Faserverbundstoffe. Vliesstoffe

Gerking, L.: Spinnvliese — Herstellungsverfahren und Besonderheiten. Melliand Textilber. internat. **55** (1974) 4, S. 326—330.
Sievers, K.: Herstellung mehrschichtiger Vliese. Melliand Textilber. internat. **55** (1974) 4, S. 323—326.
Moderne Frontfixierungs-Einlagevliesstoffe. Melliand Textilber. internat. **55** (1974) 4, S. 356—360.

V. Textilveredlung

Grindes, M., Zeidman, R.: Verschiedene Aspekte der Textilveredlung von Acetatfaserstoffen. Ind. usoară, Seria A: Textilă, București **25** (1974) 3, S. 141—145.
Jörg, F.: Untersuchung kinetischer Vorgänge beim Foulardieren von Geweben. Textilbetrieb **92** (1974) 4, S. 54—57.

Farbstoffe. Textilhilfsmittel

Leube, H., Uhrig, H.: Testmethoden für die Auswahl von Dispersionsfarbstoffen. Textilveredlung **9** (1974) 3, S. 97—106.
Holt, L. A., Milligan, B.: Fluoreszierende Weißfärber. Teil III. Lichtabbau von Dinatrium 4,4'-Diacetatamidostilben-2,2'-Disulfonat. Textile Res. J. **44** (1974) 3, S. 181—183.
Demidova, V. M., Kozodoj, A. A., Sotnikova, L. K., Utjugova, M. F., Matveeva, E. N.: Chelatverbindungen des Nickels als Photostabilisatoren für Polyolefine. Plast. Massy (Plast. Massen) (1974) 4, S. 24—26.

Bleicherei. Sonstige Vorbehandlungsarbeiten der Textilveredlung

Frinken, K.: Einbadiges Entschlichten und Bleichen mit Chlorbleichlauge. Textilbetrieb **92** (1974) 4, S. 47—49.

Färberei

Klusek, E.: Schwefelfarbstoffe. Technik włókienn. (Textiltechn.) **23** (1974) 3, S. 87—93.

Druckerei

Möglichkeiten und Grenzen des Thermoumdruckverfahrens. Textilbetrieb **92** (1974) 4, S. 50—53.
Rafael, H.: Die Fixierung von Drucken mit Dispersionsfarbstoffen im Heißdampfbereich. Melliand Textilber. internat. **55** (1974) 4, S. 361—364.
Koltai, P., Lindemann, W.: Spezielle coloristische Möglichkeiten im Polyamid-Teppichdruck. Melliand Textilber. internat. **55** (1974) 4, S. 365—376.

Ausrüstung.

Beevers, R. B.: Der Einfluß der Isocyanatgehalt-Schwankungen auf die refraktiometrische Bestimmung der Konzentration von Polyurethan-Behandlungsbädern. J. Textile Inst. **65** (1974) 4, S. 213—214.
Ramaszéder, K.: Neuere Ergebnisse bei der Flammfestausrüstung von Textilien. Koloristikai Értesítö (Kolor. Rdsch.) **16** (1974) 3/4, S. 88—92. (franz.).
Franklin, W. E., Madacsi, J. P., Rowland, S. P.: Wiederhärtbare Durable-Press-Gewebe. Teil IV. Hydroxy-Säuren mit N-Methylol-Reagenzien zur Herstellung wiederhärtbarer Durable-Press-Gewebe. Textile Res. J. **44** (1974) 3, S. 173—180.
Baird, K., Foulds, R. A., Pleasance, H. D., Treloar, I. M.: Die Filzschrumpfung flachgewirkter Wollstoffe: ihre Abhängigkeit von Kunstharzauftrag, Deckungsfaktor und Waschbehandlung bei Behandlung mit Lösungsmittel-Kunstharz. J. Textile Inst. **65** (1974) 4, S. 182—186.
Hayes, R. L., Leeder, J. D., Taylor, D. S.: Modifizierung der Knittererholung von Wollstoffen durch Verändern der Dampf-Druck-Behandlung. Textile Res. J. **44** (1974) 3, S. 163—165.

Wäscherei. Chemische Reinigung

Brunner, L.: Wäscheentnahmevorrichtung zur Erleichterung des Entladens von Waschschleudermaschinen. Textilreinigung **21** (1974) 5, S. 139—142.
Gottwald, M.: Wollzeichnung oder Postenzeichnung? Textilreinigung **21** (1974) 5, S. 134—138.

VI. Werkstoffprüfung. Meß- und Prüftechnik. Standardisierung

Černý, J.: Bestimmung der Feinheit der Stapelfasern mit Verwendung der Regressionsfunktion der Masse der Fasern — Länge der Fasern. Textil, Praha **29** (1974) 3, S. 83—88.
Schmidt, G.: Schäden an Web- und Maschenwaren aus Mischgespinsten — Prüfung mit mikroskopischen und anderen Methoden. Textilveredlung **9** (1974) 2, S. 59—66.

Eigenschaften und Fehler der Textilmaterialien u. a.

Mahall, K.: Schadenfälle an Textilien aus der Praxis. Textilveredlung **9** (1974) 2, S. 43—53.
Vekateswaran, A., Clermont, L. P.: Einige physikalische Eigenschaften von Filmen, die aus in Lösungen von Stickstoffdioxid in Dimethylformamid gelöster Cellulose hergestellt wurden. J. appl. Polymer Sci. **18** (1974) 1, S. 133—142.
Sacher, E.: Beständige innere Polarisationen in Polyäthylenterephthalatfilmen. I. Spannungsinduzierte Polarisationen. J. macromol. Sci., B: Physics **6** (1972) 1, S. 151—165.
Belin, R. E., Morey, A. F., Penrose, I.: Die Adhäsionskräfte zwischen einer Faser und einer glatten öligen Oberfläche. J. Textile Inst. **65** (1974) 4, S. 187—193.
Chantrey, G., Rattee, I. D.: Tracer-Diffusion von Farbstoffanionen in Polyamid-6-Film. J. appl. Polymer Sci. **18** (1974) 1, S. 105—116.
Chantrey, G., Rattee, I. D.: Einfluß von Polymer- und Farbstoffeigenschaften auf die Diffusion in Polyamid 6.6. J. appl. Polymer Sci. **18** (1974) 1, S. 93—103.
Jacobasch, H.-J., Grosse, I., Dawczynski, H.: Bestimmung der Oberflächeneigenschaften und der Anschmutzungsneigung von den Bedingungen der Faserherstellung. Faserforsch. u. Textiltechnik/Z. Polymerforsch. **25** (1974) 5, S. 210—219.
Sultan, M. A., El-Hawary, I. A.: Vergleich der Eigenschaften von Offen-End- und ringgesponnenen Garnen aus zwei ägyptischen Baumwollsorten. J. Textile Inst. **65** (1974) 4, S. 194—199.
Konopasek, M., Hearle, J. W. S.: Die mechanischen Eigenschaften gedrehter Seidengarne. J. Textile Inst. **65** (1974) 4, S. 217—221.
Dumitrescu, S., Theil, I., Leanca, M.: Untersuchung der übermolekularen Struktur einiger fadenbildender Polymerer. 2. Mitteilung. Untersuchung der übermolekularen Struktur von Polyamid 6. Faserforsch. u. Textiltechnik/Z. Polymerforsch. **25** (1974) 6, S. 271—273.
Postle, R.: Eine geometrische Abschätzung der Dicke und der Bauschdichte von Schußwirkwaren. J. Textile Inst. **65** (1974) 4, S. 155—163.
Weigmann, H. D., Ribnick, A. S.: Reaktionen von nichtwäßrigen Lösungsmitteln mit Textilfasern. Teil IV. Einfluß von Lösungsmitteln auf die mechanischen Eigenschaften verschiedener Textilgarne. Textile Res. J. **44** (1974) 3, S. 165—173.
Stewart, B. F., Postle, R.: Der Einfluß des Filzens auf die Biege- und Schereigenschaften von Wollgewirken. Textile Res. J. **44** (1974) 3, S. 192—196.
Shanahan, W. J., Postle, R.: Eine theoretische Untersuchung der Spannungseigenschaften von Flachgewirken. Teil I. Die Kraft-Dehnungs-Kurve für Spannungen parallel zum Warenlauf. J. Textile Inst. **65** (1974) 4, S. 200—212.
Kratochvil, V.: Überwachung der Lichtbeständigkeit der Dispersionsfarbstoffe in der Lösung mit Hilfe der spektrophotometrischen Methode. II. Inhibition der Photooxydation. Textil, Praha **29** (1974) 3, S. 102—105.
Dunlop, J. I.: Schallverhalten von Teppichen und Geweben. J. Textile Inst. **65** (1974) 4, S. 227—228.
Slater, K.: Schallverhalten von Teppichen und Geweben — Erwiderung. J. Textile Inst. **65** (1974) 4, S. 228—230.
Keller, H.: Fehler in Textilien aus und mit Synthesefaserstoffen. Textilveredlung **9** (1974) 2, S. 53—58.

Meß- und Prüftechnik

Küppers, H.: Textiluntersuchung — nicht aufwendig. Textilveredlung **9** (1974) 2, S. 67—71.
Junusov, B. Ch.: Gerät zum Messen der isometrischen und thermomechanischen Eigenschaften von Faserstoffen und Filmen. Zavodsk. Labor. (Betriebslabor) **40** (1974) 4, S. 470—471.
Smetkin, Ju. A., Okoljosnova, L. N., Kuznecov, Ju. I., Petrakov, L. A. Barskaja, I. O.: Vorrichtung zur automatischen Registrierung thermomechanischer Kriterien von Polymerstoffen. Zavodsk. Labor. (Betriebslabor) **40** (1974) 4, S. 472—473.
Hesse, R., Pfeifer, H.: Fluoreszenzmikroskopie zur Erkennung von Fehlerursachen an Textilien. Textilveredlung **9** (1974) 2, S. 82—87.
Shenai, V. A., Shah, K. D.: Untersuchungen über die beschleunigte Oxydation der Cellulose. Teil III. Hypochlorit-Oxydation der Cellulose in Anwesenheit von Nickelhydroxid. Textile Res. J. **44** (1974) 3, S. 214—219.
Whiteley, K. J., Wilkins, O. D.: Einige Beobachtungen über die objektiven Eigenschaften klassierter Wollschuren. Teil II. Eine theoretische Methode zur Wollklassierung. J. Textile Inst. **65** (1974) 4, S. 164—170.
Swift, J. A., Bews, B.: Die Isolation der Membranen von Keratinfasern mit Papain und Dithiothreitol. J. Textile Inst. **65** (1974) 4, S. 222—223.
Bauer, A., Winkler, F.: Zugelastische Untersuchungen, ihre Durchführung und Auswertung. I. Der Einfluß unterschiedlicher Prüfbedingungen auf die Elastizitätskenngrößen. Faserforsch. u. Textiltechnik/Z. Polymerforsch. **25** (1974) 5, S. 205—210.
Bunsell, A. R., Hearle, J. W. S.: Ermüdung von Faserstoffen aus synthetischen Polymeren. J. appl. Polymer Sci. **18** (1974) 1, S. 267—291.
Perkins, H. H.: Fasergehalt von Mischungen aus Baumwolle und optisch aufgehellten Polyesterfasern, bestimmt durch UV-Fluoreszenz. Textil Res. J. **44** (1974) 3, S. 185—187.
Suwalska, W., Kujko, E.: Chemische Verfahren des Feststellens von Veredlungsmitteln auf Textilien. Technik włókienn. (Textiltechn.) **23** (1974) 2, S. 62—64.
Hammerschmid, K.: Prüfung und Beurteilung von Teppichshampoos. Textilveredlung **9** (1974) 3, S. 112—121.
Hassenboehler, Ch. B., Nelson, M. L., Weiss, L. C., Taggart, Th. J.: Eine Vorrichtung zum Messen des Kraft-Dehnungs-Verhaltens von Textilien mit niedrigem Modul unter gleichförmiger Radialdehnung. Textile Res. J. **44** (1974) 3, S. 188—192.
Dyson, E.: Einige Beobachtungen über Garnungleichmäßigkeit. J. Textile Inst. **65** (1974) 4, S. 215—217.
Semenov, V. A., Vojtovič, V. A.: Automatische Registriermethode innerer Spannungen in Polymerüberzügen. Zavodsk. Labor. (Betriebslabor) **40** (1974) 4, S. 479.
Cybula, S., Feczko, J.: Messung der Scheuerfestigkeit von Geweben bei einer Verwendung des Gerätes Dudy und des Gerätes Herzog-Geiger. Technik włókienn. (Textiltechn.) **23** (1974) 3, S. 94—96.
North, C. M.: Die Prüfung von Fehlern und Schädigungen. Textilveredlung **9** (1974) 2, S. 72—74.
Löffel, H.: Die Untersuchung von Flecken auf Textilien im Bereich der Veredlungsprozesse. Textilveredlung **9** (1974) 2, S. 75—82.
Lynch, L. J.: Die Verwendung der Lichtbeugungsprofile einzelner Fasern zur Messung und zum Vergleich der Faserdurchmesser-Streuung innerhalb von Wollbändern. Textile Res. J. **44** (1974) 3, S. 203—205.
Stejskal, A.: Verwendung der photometrischen Einrichtung für die Messung der Garnhaarigkeit und der geometrischen Ungleichmäßigkeit des Garnes. Textil, Praha **29** (1974) 3, S. 88—93.
Dhingra, R. C., Postle, R.: Die Messung der Drehung in Seidengarnen. Teil II. Der Einfluß der Fadenspannung. J. Textile Inst. **65** (1974) 4, S. 171—181.

VII. Betriebstechnik. Ökonomie. Tagungsberichte und dgl.. Sonderfragen

Betriebstechnik

Schefer, W., Ammann, Ch.: Das Abbauverhalten von Textilchemikalien in Kläranlagen. Textilveredlung **9** (1974) 3, S. 107—111.
Dolge, K.: Computer zur Produktionsoptimierung in Garnfärbereien. Melliand Textilber. internat. **55** (1974) 4, S. 376—383.

Ökonomie

Einige Aspekte der wissenschaftlich-technischen Revolution in der Textil- und Bekleidungsindustrie. Textil, Praha **29** (1974) 3, S. 82—83.
Targaszewski, J.: Entwicklungsrichtungen der Rohstoffbasis der Textilindustrie in einigen Ländern und in Polen. Technik włókienn. (Textiltechn.) **23** (1974) 3, S. 65—70.

Sonderfragen

Kreuz, E., Arnold, H.: Vom Sichtlochkarten-Speicher zum teilweisen EDV-Informationsspeicher mit Hilfe eines Kleinrechners. Rechentechnik u. Datenverarbeitung **11** (1974) 6, S. 36—38.

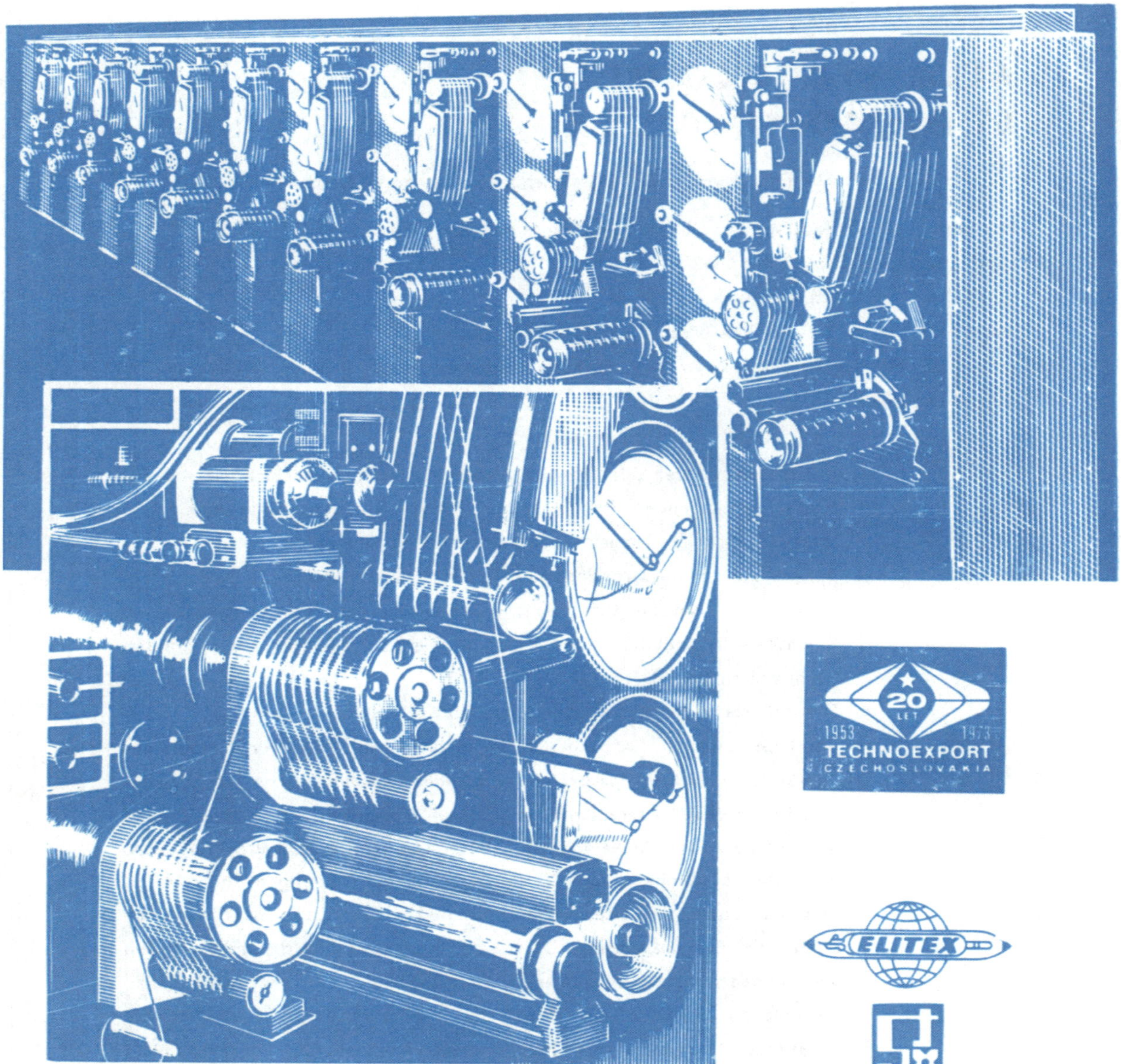

FSC
www.fsc.org
MIX
Papier | Fördert gute Waldnutzung
FSC® C083411

Zeitfracht Medien GmbH
Ferdinand-Jühlke-Straße 7
99095 Erfurt, Deutschland
produktsicherheit@kolibri360.de